Regensburg grün

Ein naturkundlicher Spaziergang mitten in der Stadt

Dies Buch ist meiner Lehrerin Ursel Bühring gewidmet.

Bibliografische Information der Deutschen Bibliothek
Die Deutsche Bibliothek verzeichnet diese Publikation in der Deutschen Nationalbibliografie.
Detaillierte bibliografische Daten sind im Internet unter http://dnb.ddb.de abrufbar.

Originalausgabe
© 2008 bei edition buntehunde GdbR, Regensburg
www.editionbuntehunde.de

Satz: Grafik Design Rainer Fürst Regensburg,
Umschlaggestaltung: Herbert Wittl und Rainer Fürst
Druck und Bindung: Druck Team KG

Printed in Germany

ISBN 978-3-934941-46-5

Belinda Haas

Regensburg grün

Ein naturkundlicher Spaziergang mitten in der Stadt

Regensburg 2008

edition buntehunde

Inhalt

grün – mitten in der Stadt

Regensburg hat viel an alter und neuer Kultur und Kulturgeschichte zu bieten, berühmte Bauwerke wie den Dom oder die Steinerne Brücke, die engen Gassen und die mit Cafes besetzten Plätze. Was den Charme Regensburgs aber auch ausmacht, ist die Natur in und um Regensburg: die Parks, die Donauauen und die grünen Hinterhofoasen.

Wir Städter lieben unser Grün: Sitzen gern unter Kastanien im Biergarten, picknicken in den Parks oder feiern mit dem Fluss an seinen grünen Auen. Vielen Menschen kommt da schon die Frage in den Sinn: „Was grünt und blüht denn da eigentlich?" Das Gänseblümchen und den Löwenzahn kennt jedes Kind, aber was ist wohl das ganze „Unkraut" dazwischen?

Seit Sommer 2000 veranstalte ich von Frühjahr bis Herbst Kräuterspaziergänge entlang der Donau, im botanischen Garten an der Universität, am Brandlberg, im Stadtwesten, und im engeren Stadtbereich zwischen Nibelungenbrücke, Grieser Steg und Steinerner Brücke bis hin zum Wehr, ganz bewusst inmitten der Stadt. Denn dort direkt vor unserer Haustür wächst ein Schatz an Heilpflanzen.

Immer wieder wurde von Seiten der Teilnehmer die Bitte an mich herangetragen mein gesammeltes Wissen aufzuschreiben und in kompakter Form weiterzugeben. Diesem Wunsch möchte ich nun gerne folgen: mein Herzensanliegen ist es, zu zeigen von welch grüner Energie, Heilkraft und Schönheit wir hier in Regensburg täglich umgeben sind. Denn vielleicht fällt es uns dann auch leichter, zu schützen, was wir lieben und kennen.

Mein Ziel ist es, altes Wissen um Pflanzen und Kräuterbrauchtum wieder in Erinnerung zu bringen. Altes Wissen hat dabei nichts mit Aberglauben oder Hokuspokus zu tun. Es basiert auf direkten Erfahrungen, Überlieferungen, bewährten und heute oft vergessenen Erkenntnissen. Es ist mir dabei nicht wichtig, wissenschaftliche Studien anzuführen, die altes Heilwissen bestätigen. Beweis genug mag die Gesundung des Menschen sein, ein Aufatmen und die Freude, die ein Aufenthalt in der Natur bewirkt.

Dieses Buch ist kein Pflanzenbestimmungsbuch, auch kein Lehrbuch über Pflanzenheilkunde. Es möchte unterhalten und zum Staunen bringen. Ich habe hier viele, verschiedene Informationen über heimische Wildkräuter aus unzähligen Pflanzenbüchern gesammelt und zusammengetragen.

Der Pflanzenspaziergang führt vom Grieser Steg über das Stauwehr und zurück. Es erwartet Sie eine bunte Pflanzenwelt. Tauchen Sie ein in das Grün, bereichern Sie sich an den Heilgeheimnissen, schmecken Sie die Wildkräuterküche, lauschen Sie den Pflanzengeschichten, staunen Sie über die Kräutermagie und lassen Sie sich an alte Volksbräuche erinnern!

Sollten Sie nach der Lektüre aufbrechen, um selbst Wildkräuter zu sammeln, dann gilt es aber unbedingt folgende Hinweise zu beachten:
• Sammeln Sie nur Pflanzen, die Sie mit 100% Sicherheit bestimmen können! Ein spezielles Bestimmungsbuch mit Photos hilft weiter. Im Zweifelsfall die Pflanzen lieber stehen lassen!
• Sammeln Sie nicht an Stellen, die von Hunden stark frequentiert werden!
• Pflücken Sie nicht direkt am Straßenrand oder an sonstig verschmutzen Stellen! Hier in der Stadt am Donauufer oder an abgelegenen Plätzen ist es durchaus möglich, Pflanzen zu sammeln. Eine „homöopathische Dosis" an Schadstoffen wie etwa Blei oder Pestizide bekommen wir selbst ab, wenn wir Gemüse im Supermarkt oder Bioladen kaufen. Denn eine absolut reine Luft oder absolut reinen Regen gibt es in unserer Zeit leider nicht mehr.

• Räubern Sie keinen Platz leer, sondern sammeln Sie mit Respekt und Achtsamkeit vor den Pflanzen. Verwachsene, missgestaltete oder schwächliche Pflanzen sollten Sie stehen lassen. Auch nur einzeln vorkommende Pflanzen bitte immer stehen lassen!

• Und natürlich vor dem Verzehr das behutsame Waschen der Kräuter nicht vergessen!

Selbstredend kommen die jeweils genannten Pflanzen nicht nur an den beschriebenen Stellen unseres Spazierweges vor. Selbstverständlich ist auch, dass die Wachs- und Blühzeiten der angeführten Kräuter unterschiedlich sind und sie natürlich je nach Jahreszeit auch verändert aussehen. Man denke z.b. an die Blüten des knallgelben Löwenzahns, die sich zur zauberhaften, filigranen Pusteblume entwickeln, um nach einem kräftigen Windstoß als verlassener Stängel da zu stehen. Aufgrund solcher Veränderungen sind die Pflanzen nicht immer so leicht zu erkennen und zu finden, schon gar nicht, wenn sie hin und wieder den wichtigen und unvermeidlichen Mäharbeiten zum Opfer gefallen sind.

Regensburg wird oft die „Steinerne Stadt" genannt. Das mag für den Altstadtbereich stimmen, aber kaum kommt man zur Donau wird es richtig lebendig und grün. Nicht umsonst treffen sich hier die Jugendlichen um nächtens am Lagerfeuer einen Hauch von Abenteuer zu erleben. Auch offizielle Feste feiern sich am besten wild-romantisch am Donauufer. Jogger, Radler, Hundebesitzer, Spaziergänger und mittlerweile viele Angler treibt es zu jeder Jahreszeit ans Donaugrün.

Mit diesem Buch möchte ich die Leser neugierig machen und ihre Lust wecken, beim nächsten Weg nach draußen einmal ganz bewusst die grünen Wunderwerke der Natur zu betrachten.

Im Juli 2008   Belinda Haas

Aufbruch am Grieser Steg

Unser Ausgangspunkt ist der Südaufgang des Grieser Stegs am Unteren Wöhrd. Von hier aus führt der Weg in Richtung „Steinerne Brücke" und wir treffen gleich auf eine ganze Horde von „grünen Gesellen".

Im Frühjahr reckt mit als erstes das **Scharbockskraut / ranunculus ficaria L.** seine gelben Blüten der Sonne entgegen. Volksnamen sind Skorbutkraut, Butterblume, Frühsalat, Schmalzblatt, Sternli und Feigwarz.

Die fettglänzenden Blätter bilden einen schönen, grünen Teppich. Sie enthalten viel Vitamin C und beugen so Vitamin C-Mangel vor. Unsere Vorfahren wussten um diese positive Eigenschaft und dass sich mit ihr „Skorbut" vermeiden und heilen ließ. „Skorbut" die Vitamin C -Mangelerkrankung war nicht nur unter Seeleuten gefürchtet, auch die Landbevölkerung musste in langen, harten Wintern auf frisches Vitamin C verzichten. Neben der Pest war Skorbut eine der häufigsten Krankheiten des Mittelalters. Seefahrer haben die Pflanze als Vitamin C-Ersatz mitgenommen, ernährten sie sich doch auf langen Reisen meist nur von Zwieback.

Das Wort „Skorbut" wurde von den Holländern geprägt. „Scheurbut" nannten sie es, was sich aus „But" für Knochen und „scheuren" für „reißen" zusammensetzt. Daraus wurde bei uns „Scharbock".

Interessant ist die Darstellung eines einzelnen Scharbockkrautes auf dem Altar der alten Hafen- und Handelsstadt Gent. Es ist darauf nicht nur größer gezeichnet als alle anderen Kräuter in der Wiese sondern auch so detailliert, dass es ohne weiteres als Abbildung in einem Pflanzenbestimmungsbuch durchginge. So zeigt sich die tiefe Verehrung und Verbundenheit der Menschen zu einem für sie wohl wichtigen Heilkraut.

Das Scharbockskraut einfach als „Würzkraut" unter den Salat oder Kräuterquark mischen. Man verwendet übrigens nur die frischen Blätter vor der Blüte. Sie garantieren die erste frische „Vitamin C-Spritze" im Jahr. ACHTUNG: Bitte aber nicht überdosieren, sonst kann es zu Magen- und Darmreizung kommen.

Blick zurück zum Grieser Steg.

Hildegard von Bingen verspricht Heilung ganz anderer Art. Wichwurz nannte sie das Kraut und empfahl es zur Heilung von Hämorrhoiden und Feigwarzen sowie bei Erkrankungen der Hoden.

„Das Kraut und Wurzel grün zerstoßen und übergelegt, heylt und vertreibt Feigblatern", schreibt auch 400 Jahre später der bekannte Kräuterarzt Leonhart Fuchs. [0]

Ob Hermann Hesse wohl das Scharbockskraut beim Schreiben seines Gedichts im Sinn hatte?

Die ersten Blumen

Neben dem Bach
Den roten Weiden nach
Haben in diesen Tagen
Gelbe Blumen viel
Ihre Goldaugen aufgeschlagen.
Und mir, der längst aus der Unschuld fiel,
Rührt sich Erinnerung im Grunde
An meines Lebens goldene Morgenstunde
Und sieht mich hell aus Blumenaugen an.
Ich wollte Blumen brechen gehen;
Nun laß ich sie alle stehn
Und gehe heim, ein alter Mann.

Hermann Hesse [1]

Aber auch den Löwenzahn könnte Hesse gemeint haben.
Seine Volksnamen sind Augenblume, Butterblume, Kuhblume, Milchblume, Pusteblume, Rahmbusch, Bettseicher oder Brunzer.

Der **Löwenzahn / taraxacum offi-cinale** ist eigentlich unverwechselbar und allgemein bekannt. Seine Wurzeln reichen bis zu 30 cm in den Boden. Der Löwenzahn regt Niere und Leber zu erhöhter Aktivität an, wirkt blutreinigend und entschlackend bei einer Frühjahrskur. Er hilft gegen Rheuma, Gicht und bei der Neubildung von Gallesteinen. Die Blätter des Löwenzahn enthalten 9 Mal soviel Vitamin C und 40 Mal soviel Vitamin A wie Salat aus der Plastikfolie und 3 Mal soviel Eisen wie Spinat.

Ein Rezept aus der Wildkräuterküche
Junge, zarte Löwenzahnblätter mit Öl, Essig, fein gehackten Zwiebeln und Salz anmachen. Wem es zu bitter schmeckt, der kann auch einen beliebigen grünen Salat nehmen, den Löwenzahn wie frische Kräuter klein schneiden und darüber streuen. Zum Abrunden ein hart gekochtes Ei, gemahlene Haselnüsse, Kapern, Sauerrahm, Schafskäse, geröstete Sonnenblumenkerne etc. dazu. [2]

Den **Löwenzahnkaffee** kannten noch unsere Großeltern.
Die im Herbst gesammelten Wurzeln sorgfältig säubern, zerkleinern, im Backofen rösten und in der Kaffeemühle mahlen.

Mit den Blüten färbte man früher Butter, daher der Name Butterblume. Neun aufgefädelte Wurzeln als Amulett um den Hals getragen sollten im Mittelalter vor allem gegen Fieber und diverse Augenkrankheiten helfen. Außerdem glaubten die Menschen: *„Wenn man sich mit der Milch des Löwenzahns wäscht, so erscheint man den Leuten schön und erwirbt sich jedermanns Gunst."* [3]

Für viele Kinder, aber auch für viele Erwachsene war der Löwenzahn eine wichtige Orakelpflanze: um herauszufinden wie lange man noch bis zu Hochzeit warten müsse, oder wie viele Kinder man bekommen würde, wurden die Samen des Löwenzahns weggeblasen. Die am Stängel verbleibende Anzahl der Samen entsprach den Jahren bzw. der Kinderzahl.

Schicken Sie mit jedem Schirmchen der Pusteblume einen Herzenswunsch mit! Der Wind trägt ihn fort und lässt ihn in Erfüllung gehen.

> „Löwenzahn, Löwenzahn,
> Zünde deine Lichtlein an
> Lichtlein auf der Wiese!
> Pust´ ich alle Lichtlein aus
> Dunkel wird´s im Wiesenhaus.
> Tausend Fünklein fliegen fort,
> Blühn an einem anderen Ort:
> Löwenzahn, Löwenzahn,
> nächstes Jahr hebts wieder an."
>
> Kurt Kölsch [4]

Wenn man die Stiele des Löwenzahns an einem Ende aufschlitzt und die beiden Hälften des hohlen Röhrchens sachte voneinander trennt, so rollt sich jede in sich nach außen und hängt als eine gewundene Locke spiralförmig zugespitzt herab. Bereits Goethe meinte dazu: *„Woran sich Kinder ergötzen und wir dem tiefsten Naturgeheimnis näher treten."* [5]

Genauso häufig wie der Löwenzahn und schier unverwüstlich, begleitet uns der **Giersch / aegopodium podagraria** am Wegrand. Alte Volksnamen sind Geissfuß, Fußteufelskraut, Bodenholunder, Strenzel, Sankt-Gehardskraut, Zaungiersch oder Zipperlekraut.

Die hellgrünen dreizähligen Blätter gleichen – mit etwas Phantasie – einem Geissfuß, daher auch der Volksname. ACHTUNG: Verwechslungsmöglichkeiten mit anderen zum Teil giftigen Vertretern der Doldenblütler beachten! Grundsätzlich gilt: nur die Pflanzen verwenden, die man ganz genau bestimmen kann!

Der Giersch ist ein hervorragendes Gichtkraut. Er wird aber heute eigentlich kaum noch verwendet.

Ich verrate hier eine **Gichtkur nach Wolf-Dieter Storl,** einem weisen, alten Kräuterkundigen:
Ein Aufguss aus dem frischen oder getrockneten Kraut wird kurmäßig 6 Wochen lang getrunken. 2 Teelöffel pro Tasse überbrühen und ziehen lassen. 3 Tassen pro Tag trinken. Umschläge aus zerstampftem frischem Kraut (samt Wurzeln) auf schmerzende Stellen legen. Die Umschläge öfter erneuern. Wichtig: Die innere und äußerliche Behandlung sollte gleichzeitig erfolgen. [6]

Der frische Giersch hat ein schmackhaftes Aroma, das mich an den Duft ganz zarter Möhrchen erinnert.

Ein leckeres Wildkräuterpesto:
Eine Handvoll Brennnesseln, 3 Handvoll Giersch, 1 Bund Basilikum, etwas Löwenzahnblätter, wilden Thymian, Spitzwegerich und eine Prise Salz mit Pürierstab zerkleinern. Olivenöl dazugeben. Wer will Parmesan und eine zerquetschte Knoblauchzehe dazu. Zu Spaghetti – ein „wilder" Genuss. [7]

Schon bei den Römern war der Giersch bekannt und beliebt als Heilkraut gegen die Gicht. Was auch schon der lateinische Namenszusatz podagraria sagt. Podagra ist die Gicht.

Auch in den frühchristlichen Klostergärten wurde das Kraut angebaut. Der englische Kräuterarzt Nicolas Culpeper glaubte, dass schon das Bei-sich-Tragen des Heilkrautes die rheumatischen Schmerzen lindere und vor Befall des Leidens schütze.

Im Mittelalter versuchte man sich der Gicht zu entledigen, indem man Schutzamulette trug, die Gicht besprach, aus Sargnägeln geschmiedete „Gichtringe" trug und sie an Tieren oder Wegkreuzungen „abstreifte". Man konnte aber auch den Gichtpatron Gerhard um Hilfe anflehen oder einem Baum „anhängen". Selbstverständlich musste man dazu den richtigen Spruch kennen. Um sie einer Rottanne anzuhängen, sollte folgender Spruch [8] rezitiert werden:

„Guten Morgen, Jungfer Ficht,
Ich klag dir 77erlei Gicht!"

Jeder Gärtner knirscht wohl mit den Zähnen, wenn er nur an den Giersch denkt: denn jedes Gierschpflänzchen kann mittels unterirdischer Ausläufer bis zu drei Quadratmeter Boden pro Jahr erobern. Die Wurzeln sind so zahlreich und dünn, dass sie beim Ausreißen leicht brechen, und aus jedem kleinsten Bruchstück wächst schnell ein neues Pflänzchen. Aber vielleicht versöhnt ja das leckere, wilde Pesto.

Hübsch und zart wie Schleierkraut wiegen sich die Blüten des **Labkraut / galium verum L.** im Wind.
Volksnamen dafür sind Bettstroh, Gelber Butterstiel, Gelbes Käselab, Lauritzen oder auch Magerkraut.

Das Labkraut findet nur noch in der Volksheilkunde Anwendung. Dort wird es als hervorragendes Nierenmittel gerühmt.

Die Germanen nahmen die Labkräuter zur Herstellung von Süßquark und zum Gelbfärben. Und wegen des Labenzyms wurde es ehemals in der Käsezubereitung verwendet. Die alten Griechen kannten es als Mittel gegen Brand, Blutungen und Unkeuschheit.

Das Labkraut ist ein wichtiges Kraut des Bettstrohs und zählt somit zu den altgermanischen Frauenkräutern. Bettstrohkräuter legte man den Gebärenden ins Lagerstroh, um sie vor Zauber aller Art zu schützen. Das Christentum übernahm den alten Brauch und benannte das Stroh nach Maria „Liebfrauenbettstroh".

Auch als Wetterzeichen war das Labkraut von Nutzen, es kündigt heran nahende Gewitter durch einen besonders angenehmen Duft an.

Einst glaubten die Menschen an die lebensverlängernde Wirkung des Labkrauts und erzählten folgenden Reim:

„Es war einmal ein König am Rhein,
Der mochte ans Sterben nicht erinnert sein.
Er versprach den Ärzten hohen Lohn,
Wenn sie seinem Tode sprächen Hohn.
Die gaben ihm still und vertraut,
Den Saft vom Labekraut,
Und es trank davon der König
Alle Tage stets ein wenig.
Er hatte aber einen Knecht,
Dem war langes Leben auch so recht;
Der hatte auch vom Tranke genascht,
Ward aber vom König dabei erhascht.
Er wollte ihn Köpfen lassen,
Doch der Knecht wußte sich zu fassen:
Er sprach: Hältst du mich des Todes wert,
So hat dein Trank sich nicht bewährt.
Denn soll er langes Leben
Dem, der ihn trinket, geben.
Das sah der König ein
Und ließ das Köpfen sein.“ [9]

Wer entlang des Weges hinunter zu seinen Füßen schaut, der kann das „kleine Sternchen" die **Vogelmiere / stellaria media** entdecken. Die Vogelmiere hat zahlreiche kleine, weiße, wie Sternchen geformte Blüten. Daher ihr lateinischer Name. Andere Namen sind Hühnerbiss, Hühnerdarm, Sternmiere oder Mausdarm. Die Vogelmiere gehört zu den Urpflanzen, sie wurde als Fossil der letzten Eiszeit gefunden.

Sie blüht das ganze Jahr über, und man kann die Pflanze auch ganzjährig für die Wildkräuterküche sammeln. Selbst im Winter, wenn sich die meisten anderen Pflanzen zurückgezogen haben, strahlt sie noch frech aus dem frostigen Boden. So ist sie selbst im Winter ein frischer Snack am Wegesrand. Vogelmiere schmeckt wie junge, zarte Maiskölbchen. Sie enthält viel Vitamin C.

Die Vogelmiere wirkt schleimlösend bei Entzündungen der Atemwege. Als Salbe bei Hautausschlägen und gegen Hämorrhoiden. Bei rheumatischen Beschwerden und als Schlankheitstee wirkt sie ausschwemmend, als Hautauflage kühlend.

Ich verwende sie am liebsten aber als leckeres Wildgemüse, am besten roh gegessen, fein gehackt auf ein Butterbrot oder in den grünen Salat. Beim Sammeln der Pflanze muss man behutsam vorgehen. Am besten man schneidet sie mit einer Schere ab, denn allzu leicht reißt man sonst die zarten Wurzeln mit heraus.

„Sternenpesto" – Ein Rezept für kulinarisch Experimentierfreudige: Eine gute Handvoll Vogelmiere, genau soviel Basilikum, 2 Knoblauchzehen, eine halbe Tasse Olivenöl und je nach Geschmack etwas Parmesan. Alles zusammen in den Mixer oder mit dem Zauberstab zu Pesto verarbeiten. [10]

Auf den Märkten der Grosstädte wurde sie früher zu Bündeln als Suppengrün verkauft. Im 16. Jahrhundert kochte man das Kraut in Essig und Salz und verschrieb es bei Krätze als Salbe. Der Kräuterpfarrer Sebastian Kneipp sah die Vogelmiere als Lungenheilkraut und verwendete sie bei Bluthusten.

Natürlich wurde die „kleine Stellaria" auch in der Zauberei verwendet. Man legte in die Wiege eines Mädchens den „weißen Hühnerdarm", damit der Säugling von Krämpfen verschont blieb. Anderorts stellte man eine Salbe aus Vogelmiere, Beinwellwurzeln und Ringelblumenblüten her, die, bei „Besessenen" aufgetragen, den Teufel austreiben sollte.

Der Pfad zum Beschlächt, einer beliebten Regensburger „Sonnenterrasse".

Unter der Steinernen Brücke hindurch

Weiter geht's nun unter der „Steinernen" hindurch, flussaufwärts in Richtung Eisener Steg. Vor dem Sorat Insel Hotel begrüßen uns die Brennnesseln. Ihre Volksnamen sind Donnernessel, Hanfnessel, Saunessel, Senznettel, Esternettel, Habernessel, Tissel, Zingel oder Haarnessel. Die Blätter schmecken als Wildgemüse am besten im Frühjahr. Sie können aber das ganze Jahr über geerntet werden. Später im Jahr nimmt man nur noch die oberen Blätter.

ACHTUNG: Bei Stauungen und Wasseransammlungen infolge eingeschränkter Herz- und Nierentätigkeit darf die Brennnessel nicht verwendet werden!

Aus dem Mittelalter sind viele Zauber- und Segenssprüche überliefert, in denen die **Große Brennnessel / urtica dioica L**. eine wichtige Rolle spielt:

> „Brennnessel ich will dich behalten
> Für das flaue Fleisch
> Und für die Mutter und für das Gliedwasser
> Inwendig und auswendig
> Dass du heilest allen Schmerz und alle Schäden."

Mittelalterlicher Segensspruch [11]

„Brennnessel lass Dir sagen,
Unsere Kuh (Ochs, Stier, usw.) hat im Fuss die Maden,
Willst Du sie ihr nicht vertreiben.
So will ich Dir den Kragen umreiben.

Volksreim [11]

Dies ist för den Ochs,
die andere ist för den Fuss,
Die dritte ist die, die heilen muss."

Birkenfelder Zauberspruch [11]

Die Brennnessel enthält auffallend viel Chlorophyll/Blattgrün. Dasselbe gilt auch für ihren Eisengehalt, der im Gegensatz zu jenem im Spinat vom Körper sehr gut aufgenommen werden kann. Wenn wir die Schlacken des Winters hinter uns lassen und fit ins neue Jahr starten wollen, dann eignet sich eine Frühjahrskur mit Brennnessel bestens.

Hier mein Tipp für eine „**Nesselkur**", nach H. Pumpe:
Man beginnt mit einem Esslöffel frischen Pflanzensaft (am besten ganz frisch gepresst). Dann steigert man täglich um einen Löffel mehr bis auf 13 Löffel Saft. Danach jeden Tag absteigend einen Esslöffel weniger bis zum Ende der Kur. Den Saft verdünnt man mit Wasser, Buttermilch oder Milch im Verhältnis 1:7. [12]
ACHTUNG: Nicht Überdosieren! Es kann sonst zu Erbrechen und Durchfall kommen.

Die Brennnessel regt den Körperstoffwechsel an und unterstützt Leber, Galle und Niere in ihrer Arbeit. Auch bei Rheuma und Gicht zeigt die Brennnessel ihre Kraft. Bei Eisenmangel hilft sie die Eisenspeicher wieder aufzufüllen. Die Brennnessel stärkt und unterstützt den gesamten Körper. Die Samen dienen als Aphrodisiakum (sie enthalten vitalisierende Pflanzenhormone).

Eine stolze Brennnessel wächst aus der historischen Mauer des Insel Hotels.

Es gibt eine Vielzahl an leckeren Brennnesselgerichten. Zwei will ich hier vorstellen.

Nudeln in Brennnessel-Gorgonzolasauce:

Nudeln kochen, 3-4 Handvoll Brennnesselblätter blanchieren, dann im Sieb abtropfen lassen (Tipp: das Brennnesselwasser auffangen und trinken - schmeckt gut und ist gesund), anschließend in Butter andünsten und mit etwas Sahne löschen. Nach Geschmack Gorgonzola in kleinen Würfeln dazugeben, würzen und über die fertigen Nudeln geben. [13]

Brennnessel-Gratin:

350g Brennnesselblätter blanchieren, gut abtropfen und abkühlen lassen. Butter in einer Pfanne schmelzen. 2 Zwiebelchen und 2 Knoblauchzehen klein schneiden und andünsten, Brennnesseln dazugeben. 2 Eier mit einem Becher Sahne verquirlen, würzen und mit den Brennnesseln verrühren und in eine ausgebutterte Gratinform geben. Im vorgeheizten Backofen bei 175 Grad 20 bis 30 Min. durchbacken. [14]

23

Unheimlich war die Pflanze, ein böser Dämon saß in ihr, weil man nicht kannte, was brannte. Aber wie ist das nun mit dem lästigen Brennen? Am Ende der kieselsäurehaltigen, unbiegsamen Häarchen an Blättern und Stängel befindet sich ein verletzbares Köpfchen. Während die Haare bei der kleinsten Berührung wie die Kanüle einer Injektionsnadel in die Haut eindringen, platzt das Köpfchen auf und spritzt ätzenden Stoff (histaminähnlich) in die winzig kleinen Stichwunden, was dann heftiges Brennen und Jucken erzeugt.

Dieser Heilreiz der Brennnesselquaddeln war schon bei den Römern beliebt. Sie peitschten sich mit Brennnesseln, um Rheuma und Gicht aus den Gelenken zu vertreiben.

Donnernessel! Dunnernettel! Mit Donar zusammen bewahrt sie, am Gründonnerstag gesammelt und auf dem Dachboden verwahrt, das Haus und den Stall vor Blitzschlag. Man lege sie Eiern unter, damit sie der Donner nicht taub macht, und auf dem Rand des Bierbottichs schützt sie den Inhalt vor dem Sauerwerden, ebenso die Milch.

In der Volksheilkunde wird die Brennnessel auch als Haarwuchsmittel und gegen Schuppen verwendet, als Kraftfutter für die Tiere und im Garten zur Herstellung biologischen Düngers.

Die Brennnessel schützt gegen alle möglichen Strahlungen. Wünschelrutengänger sagen, Brennnesseln seinen nur an solchen Orten zu finden, wo das „magische Reis" ausschlägt. Solche Stellen gelten als Blitzfangpunkte, also Orte, die Blitze anziehen.

Seit spätestens dem 12. Jahrhundert wird aus den Stängeln das Nesseltuch hergestellt. Von den Brüdern Grimm gibt es ein wunderschönes Märchen „Die sechs Schwäne", darin erlöst ein junges Mädchen ihre verwunschenen Brüder indem sie unter anderem Nesselhemden strickt.

Am Rande des Uferpfades

Wir passieren das Brücklein hinüber zur Badstrasse. Dort gehen wir links auf dem Uferpfad weiter. Gegenüber grüßt das ehemalige Wohnhaus der Regensburger Schriftstellerin Sandra Paretti.

Hier am Donaugrün tummeln sich vor allem Hirtentäschel und Spitzwegerich. Auffallend sind die Früchte des Hirtentäschels, sie sehen aus wie kleine Herzchen, und wer die Pflanze einmal gesehen hat, wird sie immer wieder bestimmen können.

Weitere Namen für das **Hirtentäschel / capsella bursa pastoris** sind Bauernsenf, Herzkraut, Löffeli, Säcklichchrut, Schneiderbeutel, Taschenkraut, Schülersäckel, Gänsekresse oder Frühlingsblume.

Bei Menstruationsbeschwerden, vor allem bei zu starken Blutungen, hat sich das Hirtentäschelkraut sehr bewährt. Aber auch bei anderen Organblutungen ist es hilfreich.

Die jungen Blätter können im Frühjahr in einen Wildkräutersalat gegeben werden.

Zahnenden Kindern wurden die Samen der getrockneten Schoten in ein rotseidenes Tuch eingebunden und um den Hals gehängt.
In Irland wurde die Pflanze um den Hals der Schafe gehängt, damit der Wolf sie nicht erblicken könne.

Des weiteren wurde das Hirtentäschel als Mittel gegen Kreislaufstörungen gepriesen, egal ob nun durch zu niederen oder hohen Blutdruck ausgelöst.

Auch in der Zaubermedizin sollte es gegen Blutungen helfen, wobei folgendes Vorgehen empfohlen wurde: *„Ein in der Hand des Kranken erwärmtes Hirtentäschelkraut wird an einem gelben Faden ihm so um den Hals gelegt, dass der Faden auf der Herzgrube liegt. Nach Stillstand der Blutung wirft man den Faden in fließendes Wasser."* [15]

Den **Spitzwegerich / plantago lanceolata L.** findet man eigentlich überall – auf Wiesen, Feldern oder an Wegrändern. Der Wegerich zeigte früher, als die Straßen noch nicht geteert waren, den Weg an. Wo andere schon geritten oder gegangen waren, war er zu finden. Mit den großen Siedlertrecks kam er von Europa nach Amerika.
Die Indianer nannten ihn „Fußstapfen des weißen Mannes". Andere Namen bei uns sind Heilwegerich, Heilblärer, Lügen-

blatt, Schafzunge, Ripplichchrut, Wegtritt, Lämmerzunge oder auch Spitzfederich.

Er gilt als mildes schleimlösendes Mittel und beruhigt auch gleichzeitig entzündete und wunde Schleimhäute. Dadurch ist der Tee aus Spitzwegerich besonders gut bei Husten und leichter Bronchitis geeignet.

Als „Wiesenapotheke" eignet er sich besonders zur Behandlung von Mücken- oder Bienenstichen auf Spaziergängen oder Wanderungen. Suchen sie bei Bedarf ein Spitzwegerichblatt, zerreiben es zwischen den Handflächen und reiben den so entstandenen Pflanzensaft auf den Stich. Das wirkt sofort schmerz- und gleichzeitig juckreizstillend. Auch auf frischen Schürfwunden wirkt es schmerzlindernd und blutstillend.

Der Spitzwegerich passt in jeden Wildkräutersalat oder getrocknet als Suppengrün in jede Gemüsebrühe.

Hier ein leckeres Rezept **„Russischer Spitzwegerichsalat"**, nach Wolf- Dieter Storl:
120g junge Spitzwegerichblätter, 50g Brennnesselblätter, 80g Zwiebeln, 50g geriebener Meerrettich, Salz und Essig, ein Ei, Sauerrahm. Wegerich und Brennnesseln kurz in kochendes Wasser tauchen, abtropfen lassen, klein schneiden; gehackte Zwiebel, Meerrettich, Salz und Essig nach Geschmack hinzufügen. Mit Eischeibchen garnieren und mit Sauerrahm übergießen. [16]

Als Orakelpflanze war der Wegerich sehr beliebt: die Blätter des Breit-wegerichs werden von fünf bis neun Leitbündeln versorgt. Reißt man ein solches Blatt ab, so ragen die Leitbündel als weiße Fäden aus dem Stiel heraus. Je länger die Fäden, desto mehr Glück soll man haben, oder so viele Fäden heraushängen so viele Kinder werde man haben, oder so viele Lügen habe man heute schon erzählt oder, oder...

In der Heilkunde stand der Wegerich in hohem Ansehen. Der griechi-sche Arzt Themison hat gar ein ganzes Buch über ihn verfasst. Bei fast allen Leiden wurde auf den Wegerich zurückgegriffen. Wegen seiner wundheilenden und blutstillenden Eigenschaften war er bei den Feldärzten und Barbieren sehr beliebt. Man traute ihm sogar die Hei-lung von Schlangen- und Skorpionbissen zu.

Ein Volksmythos auf den Spitzwegerich lautet: *„Man nehme soviel von der Wurzel des Wegerich, der an der Kreuzung zweier Strassen von West nach Ost und von Nord nach Süd wächst, als man in der Stunde zwischen Mitternacht und ein Uhr früh am Morgen des Karfreitag unbeschädigt aus-graben kann. Alles Wurzelwerk, wird im kalten Wasser gereinigt und ist ein guter Schutz gegen Schussverletzungen und auch gegen Stiche, wenn man es immer bei sich trägt."* [17]

Vom Eisernen Steg zum Herzogspark

Wem jetzt schon die Füße weh tun, der kann sich im schönen Biergarten der „Goldenen Ente" stärken und kurz rasten. Dann geht's weiter über den Eisernen Steg hinunter zum rechten Donauufer, und dort Richtung Stadtwesten. Am Uferweg zum Herzogspark treffen wir auf viele edle Geschöpfe, die sich im Frühlingskleid am schönsten zeigen.

> Die Wiese schäumt,
> nein, nicht vor Wut,
> es geht ihr ganz besonders gut.
> Der Lenz ist da, hat sie geküßt
> und ob er sie beschenken müßt,
> er hat sie lila eingeschäumt.
> Sie hat davon schon lang geträumt.
> Sie räkelt sich im zarten Kleid,
> doch ziert's sie nur für kurze Zeit.
>
> Annegret Kronenberg [18]

Andere Volksnamen für das **Wiesenschaumkraut / cardamine pratensis L.** sind Wilde Kresse, Milchblume, Quarkblume, Zigerli und Kuckucksblume. In England heißt das Wiesenschaumkraut Lady-Smock (Damenkittelchen).

Es gibt zwei Erklärungen für den Namen Wiesenschaumkraut: Einerseits das schaumige Aussehen der Wiesen, wenn von Mai bis Juni die weißen, blasslila oder rosa Blüten leuchten. Sie verwandeln die Wiesen in ein wahres Blütenmeer und ziehen viele Insekten an, vor allem den Aurora-Falter, einen der ersten Schmetterlinge im Jahr. Er verwendet die Blüten des Schaumkrautes als Kinderstube. Andererseits bezieht sich das „Schaumkraut" auf das häufige Vorkommen von Schaumhäufchen, die den Larven der Schaumzikade als Lebensraum dienen. Die Schaumzikade saugt Saft aus dem Stängel, der zusammen mit einem von ihr ausgeschiedenen, verseiften Wachs durch die Atemluft schaumig aufgetrieben wird.

Das Wiesenschaumkraut ist mineralstoffreich (Jod, Eisen, Kalzium), wirkt kräftigend und wird bei Blutarmut verwendet. Seine Senfölglykoside üben eine wohltuende Reizwirkung auf Leber und Niere aus. Verwendet werden Blüten und Blätter zur Anregung des Stoffwechsels.

Ein Rezept zur **Frühjahrskur** nach Apotheker M. Pahlow:
Man gibt in einen Mixer 1/8 l Milch, dazu 1 geteilten und entkernten Apfel mit Schale, den Saft von 1 Zitrone und 3 Orangen sowie jeweils

Uferweg zum Wehr.

20g Löwenzahnblätter, Blätter des Wiesenschaumkrautes und der Brunnenkresse und mixt das Ganze. Dieses Getränk schmeckt leicht bitter, regt an und erfrischt. [19]

Das Wiesenschaumkraut ist mit der Brunnenkresse verwandt und schmeckt etwa wie milder Meerrettich. Man kann es gut im Salat oder Kräuterquark geniessen.

Eine alte Bauernregel besagt, je mehr Schaumkraut wachse, desto weniger Heu gebe es. In der Schweiz ist das Schaumkraut als Donner-blume - Dundermaie - bekannt. Es soll Blitze anziehen. Und man darf es deshalb nicht ins Haus bringen.

Heute findet das Wiesenschaumkraut in der modernen Blütenessen-zen-Therapie Verwendung. Es wirkt, wie die Bach-Blüten und die kali-fornischen Blütenessenzen, auf der feinstofflichen Ebene.

Im reinen, weißen Blütenkleid zeigt sich die weiße **Taubnessel / lamium album L.** Volksnamen sind auch Bienensaug, Blumenessel, Hummelblume, milde Nessel oder Sugerle.

Carl von Linné führte Lamium als Gattungsname der Taubnessel in die Botanik ein, was sich vom giechischen „Lamos" (= Schlund, Rachen) ableitet und auf die Blütenform Bezug nimmt. Der Beiname „albus" (lat.: weiß) beschreibt die Blütenfarbe. Wir bezeichnen die Pflanze als Taubnessel, weil die Laubblätter, denen der Brennnessel sehr ähneln, aber eben nicht brennen, also „taub" sind.

Rezept für ein leckeres **Frühjahrsgemüse**:
Die jungen Blätter der Taubnessel können wie Spinat zubereitet werden. Spinatblätter, weiße Taubnesselblätter und Brennnesselblätter zu gleichen Teilen mischen und wie Spinat zubereiten.
... Und zum Nachtisch kandierte Taubnesselblüten servieren: sie gelten als zartes Aphrodisiakum. [20]

Im Mittelalter war die weiße Taubnessel zwar bekannt, man schrieb ihr aber keine Heilkraft zu. Erst die Kräuterpfarrer Kneipp und Künzle setzten sie wieder als Heilpflanze ein. Die weiße Taubnessel findet vor allem in der Frauenheilkunde Anwendung. Bei Weißfluss (fluor albus) oder zu schwacher Menstruationsblutung. Am besten lässt sich das blühende Kraut für einen Teeaufguss verwenden. Die ganze Pflanze gilt als schleimfördernd, entzündungswidrig und krampflösend. Darüber hinaus wirkt sie blutreinigend, das heißt sie hat eine allgemein reinigende Wirkung auf den ganzen Organismus und hilft hier auch besonders gegen Akne.

Elisabeth Brooke, eine englische Pflanzenkundige, verrät eine **Lotion zur Gesichtspflege bei Akne und unreiner Haut**:
0,8 Deziliter Rosen- und Orangenblütenwasser
0,1 Deziliter Taubnesseltinktur
0,1 Deziliter Ringelblumentinktur
Gut mischen und in Fläschchen abfüllen. Nach dem Reinigen der Haut Wattebausch mit der Lotion befeuchten und unreine oder fettige Stellen abtupfen, damit sie austrocknen. [21]

In der Volksheilkunde gilt die weiße Taubnessel auch als Heilmittel gegen Schlaflosigkeit, nervliche Übermüdung und gegen Eiweiß im Urin. Ebenso bei einer Nagelbettentzündung: man badet wiederholt den erkrankten Finger in einem Teeaufguss.

Die weiße Taubnessel ist die Pflanze der Jugendlichkeit – ein Duft von Unschuld umgibt sie. Sie gilt als Symbol für Reinheit, Klarheit, Unschuld und Ganzheitlichkeit.

In der griechischen Mythologie war Lamia ein Mädchen, das von Zeus geliebt wurde. In der altchinesischen Literatur heißt die Pflanze „Kraut der lächelnden Mutter".

Das **Schöllkraut / chelidonium majus L.** zeigt seine hübschen, gelben Blüten und hat hier sogar Halt in der Ufer-Mauer um den Herzogspark gefunden. Neben Holunder, Wegerich und Brennnessel gehört das Schöllkraut zu jenen Pflanzen, die stets menschliche Wohnstätten begleiten. Findet sich auf Wanderungen weit entfernt jeder menschlichen Siedlung, auf einsamen Waldlichtungen das Schöllkraut, so ist dies immer ein Hinweis dafür, daß an dieser Stelle einst Menschen lebten.

Weitere Namen für das Schöllkraut sind Augenkraut, G´schwulstkraut, Goldkraut, Marienkraut, Schälkraut, Trudenmilchkraut, Warzenkraut, Hexenmilch, Schwalbenwurz oder Gelbkraut.

Der Gattungsname „chelidonium" geht auf das griechische Wort chelidon = Schwalbe zurück. Der Name verweist darauf, dass die Pflanze zu blühen beginnt, wenn die Schwalben eintreffen und verblüht, wenn sie wieder nach Süden ziehen.

Das Schöllkraut ist eine alte Heilpflanze bei Gallebeschwerden. Sie sollte aber als Tee nicht in Eigenregie eingenommen werden.

ACHTUNG: Die Pflanze enthält mehrere Alkaloide und gehört streng genommen zu den Giftpflanzen! Als Leber- und Galletherapeutikum bieten sich andere ungiftige Heilpflanzen besser an.
Schon Paracelsus sah eine Ähnlichkeit zwischen dem gelblich, dicken Saft des Schöllkrauts und der Galleflüssigkeit. Auch der bittere Geschmack weist auf ein Leber- und Galleheilmittel.

Das Schöllkraut zeigt sein hervorragendes Heilpotential als Warzenkraut. Bei abnehmendem Mond sollte der frische, gelbe Schöllkrautsaft auf die Warze aufgetragen werden. Mehrmals täglich über 2 Wochen hinweg, dann 2 Wochen Pause, insgesamt 3 Mondzyklen lang.

Aristoteles berichtet, die Menschen seien auf die Heilkraft des Schöllkrauts dadurch aufmerksam geworden, dass sie beobachteten wie die Schwalben (= chelidon) ihren blinden Jungen den Milchsaft in die Augen strichen. Die Alchemisten des Mittelalters verwendeten die goldgelben Blüten bei ihren Versuchen zur Goldherstellung.

„Mauerblümchen" im wahrsten Sinne.

Abstecher in den Park

Wer will, kann, bevor der Spaziergang weiter zum Stauwehr der Donau führt, noch einen kleinen Abstecher in den Herzogspark machen. Wer kennt ihn nicht, den wunderschönen Rosengarten, den zarten, sinnlichen Duft der vielen verschiedenen Rosensorten? Auch der alpine Steingarten und die kleine botanische Gartenanlage sind sehr sehenswert.

Vom Prebrunn-Turm im Herzogspark genießt man eine wunderbare Aussicht über die Donau mit vier Brücken.

Auf den Rasenflächen tummeln sich die **Gänseblümchen / bellis perennis L.** Andere Namen sind Himmelsblume, Marienblümchen, Augenblümchen, Maßliebchen, Mümmeli, Tausendschön, Kindsblümle, Gänseliesl oder auch Herzblümli.

Gibt es denn jemanden, der das Gänseblümchen nicht kennt? Es ist **die** Kinderheilpflanze. Sie wirkt schleimlösend und ist daher bei Husten und Katarrh der Kinder angezeigt. Bei allen Hautleiden unserer Kleinen kann es als Tee verabreicht und ins Badewasser gegeben werden.

Der Kräuterpfarrer Künzle sagt: *„Das Maßliebchen soll man jeder Mischung Kindertee beifügen, es hat es in sich, Kinder, die trotz guter Pflege nicht gedeihen wollen, auf die Beine zu helfen."* [22]

Das Gänseblümchen berührt unsere Seele mit seiner Lieblichkeit. In England galt es als Orakelpflanze, und man war überzeugt: *„Wenn du mit einem Fuß auf sieben Gänsefüßchen treten kannst, dann ist es Frühling."* [23] Ein englischer Dichter vergleicht bellis perennis mit zur Erde gefallenen Sternen. In der nordischen Mythologie ist es der Göttin des Frühlings Ostara geweiht. Ludwig der IX. nahm sie mit den Lilien in sein Wappen auf.

Im Mittelalter hieß es: *„Derjenigen, die die Wurzel der Pflanze bei sich trägt, soll sie Klugheit, Zuneigung und Verstand verleihen."* [24]

Der Volksmund sagt, die ersten drei Gänseblümchen, die man im Jahreslauf finde, müsse man essen! Das soll Glück und Gesundheit bringen.

Die Übersetzung des lateinischen Namens bedeutet „andauernd schön" und eine römische Sage erzählt, wie die Pflanze zu ihrem Namen kam: Als Vertumnos, der Gott der Obstgärten, das Mädchen Belides sah, loderte unkeusche Begierde in ihm auf. Er versuchte die Liebliche an sich zu reißen. Doch um ihm zu entkommen, ließ sich Belides auf die Erde fallen und verwandelte sich in ein Gänseblümchen. In Italien heißt deshalb das Gänseblümchen noch heute „Bellide".

Auch in der Wildkräuterküche findet es viel Zuspruch. Ein beliebtes und einfaches **Rezept für Wiesenkapern**:
300ml Apfelessig auf 200g Gänseblümchenknospen, eine Prise Salz. Die Blütenknospen mit Essig und Salz kurz aufkochen und noch warm in gut verschließbare Gläser abfüllen. [25]

Zur Salatdekoration kann man eine kleine Handvoll Gänseblümchen-blüten über den Salat streuen, vielleicht ein paar Ringelblumenblüten- oder Rosenblütenblätter dazu; das ist wunderschön anzusehen und darüber hinaus auch gesund. So gibt man dem Salat neuen Pep. Über-raschen Sie doch einmal die Familie oder Freunde damit!

Im Herzogspark: Kinder spielen in der Gänseblümchen-Wiese.

Weiter am rechten Donauufer

Zurück auf dem Uferweg kommen wir flussaufwärts an der Schiller-
wiese an. Hier treffen wir auf ein Meer von **Knoblauchsrauken / alla-
ria petiolata/officinalis.** Andere Namen sind Knoblauchshederich,
Lauchhederich, Lauchkraut und Hedge Garlic.

Wir finden bei ihr eine interessante Botanik: je höher der Stängel, um
so kleiner sind die Blätter. Auch unterscheiden sich die Rosetten- und
Stängelblätter sehr voneinander. Die runden, herz- bis nierenförmigen
Rosettenblätter ähneln denen der Gundelrebe. Sie sind ausgeschweift
gezähnt und lang gestielt. Die Blätter im Stängelbereich sind spitz
herzförmig bis beinahe dreieckig. Je näher sie der Blüte kommen, um
so kleiner werden sie. Es scheint, als ob sie den zarten Blüten so viel
Licht wie möglich zukommen lassen wollten. Die Knoblauchsrauke
blüht von März bis Juni.

Zerreibt man die Pflanze zwischen den Fingern erschließt sich ihr
Name. Es riecht deutlich nach Knoblauch. Der Geruch und auch der

Geschmack stammen von den Senfölglycosiden, die wie das Allicin des Knoblauchs antiseptisch wirken, gleichzeitig aber auch leicht harntreibend. Daher setzt man die Knoblauchsrauke gerne zur allgemeinen Entschlackung ein. Allerdings besteht zwischen Knoblauch und Knoblauchsrauke keinerlei botanische Verwandtschaft.

Im Mittelalter war die Knoblauchsrauke als „Armeleutegewürz" bekannt. Sie wurde an Stelle von Salz zum Würzen verwendet. Heute gibt man sie als Knoblauchersatz in den Kräuterquark zu Kartoffeln, in Salate oder aufs Brot. Sehr schmackhaft ist sie auch als Zutat in der „Wildkräuterbutter". Hier findet sie sich mit Giersch, Gundelrebe (wenig), Wildem Majoran, Sauerampfer und Pfefferminze in kulinarischer Gesellschaft.
Unter Schildkrötenfreunden ist die Knoblauchsrauke als Leckerbissen für die „Panzertierchen" gut bekannt.

Und bevor es nun über das Wehr geht, nickt und grüßt uns der Beinwell herzlich zu. Andere Namen sind auch Beinwurz, Schmeerwurz, Schmerzwurz oder Wallwurz.

Die Wurzel wird im Frühjahr oder Herbst gesammelt. Hier ist der Allantoingehalt am höchsten. Bei allen Erkrankungen des Knochensystems, sowie Sehnen- und Bänderverletzungen ist **Beinwell / symphytum officinalis L.** angezeigt. Erfahrungsgemäß hilft hier eine gleichzeitige innerliche wie äußerliche Anwendung am günstigsten auf den Heilungsprozess. Äußerlich als Salbe oder Auflage, innerlich wird am besten die Tinktur eingenommen.

Dass der Beinwell schon seit langer Zeit nicht nur in der Volksheilkunde, sondern auch von Ärzten verwendet wird, zeigt uns sein botanischer Name „officinalis". Benannt nach dem „officium" dem Werkraum der Apotheken. Der Beinwell hat entweder weißlich-gelbe oder violett-blaue Blüten. Die violetten nannte man früher „Beinwellmännlein" und die gelblichen „Beinwellweiblein". Der Allantoingehalt im Beinwell ist besonders hoch. Das Allantoin beschleunigt die Heilung von Knochenbrüchen, indem es die Bildung des Knochengewebes anregt. Hier erklärt sich der alte Name „Wallwurz" (wallen = zusammenwachsen).

Beinwell kann auch in der Naturkosmetik verwendet werden. Es beruhigt und heilt empfindliche, entzündliche Haut. Den frischen Beinwell-Blättersaft als Gesichtsmaske auf die Haut auftragen und 15 Minuten einwirken lassen.

41

Wer einmal eine Wurzel zerstampft hat, der kennt den zähen Schleim der aus der Wurzel gequetscht wird. Lederer und Gerber haben früher diesen Schleim aus den Wurzeln gekocht, um damit das Leder geschmeidig und zart zu machen.

Aber auch magische Anwendungen sind bekannt: Räucherwerk mit echtem Beifuß vermischt vertieft die Trance und fördert die Konzentration bei magischer Arbeit. Wer viel auf Reisen geht, so heißt es, der sollte immer ein Amulett mit Beinwell bei sich führen, denn die Pflanze schütze vor allen Gefahren und stelle sicher, dass man wieder wohlbehalten nach Hause komme. Außerdem gehe das Gepäck niemals verloren oder werde gestohlen, wenn sich Beinwell im Koffer befinde.

Des weitern hilft Beinwell auf der psychischen Ebene, tiefe emotionale Erschütterungen, Verzweiflung und schwere Krankheiten zu überwinden. Er wirkt stabilisierend und ausgleichend auf die Psyche. Beinwell hilft, wenn Form und Struktur in ein unorganisiertes, chaotisches Leben gebracht werden müssen. Aufgrund seiner beruhigenden, festigenden und stabilisierenden Wirkung eignet er sich hervorragend für die Trauerarbeit.

Über das Stauwehr zum Kanal

Nun geht's über die tosenden Wassermassen der Donau. Die Wehr-
brücke verlassen wir am Pfaffensteiner Weg. Zwischen Donauarm und
Europakanal führt unser Kräuterspaziergang nun ostwärts Richtung
Dultplatz. Dieser Wegabschnitt zeigt sich im Spätsommer am farben-
prächtigsten.

Unübersehbar mit goldgelben Blütenstrahlen erscheint die **Kanadische Goldrute / solidago canadensis**. Volksnamen sind Goldwundkraut, Heidnisch Wundkraut, Schoßkraut oder Waldkraut.

Die heimische Goldrute / solidago virgaurea kommt in unserer Gegend nur mehr selten vor. Sie wurde von der kanadischen Goldrute verdrängt, die ihr in Ihrer Heilwirkung aber in nichts nachsteht. In der Pflanzenheilkunde wird die „echte" Goldrute mittlerweile vermischt mit anderen Goldrutenarten verwendet.

Die Goldrute ist bekannt als „das Mittel der Wahl" bei allen Blasen- und Nierenerkrankungen, besonders zur Durchspülungstherapie.

Bei den Germanen stand sie in hohem Ansehen und galt als bestes Wundkraut. Bevor es zu kriegerischen Auseinandersetzungen kam, sammelte man schon einmal vorsorglich das Goldrutenkraut. In den

Überlieferungen gibt es leider keinen Hinweis, wie die Goldrute zu Zeiten der Germanen hieß. Sie wurde von den Kräutergelehrten der folgenden Jahrhunderte deshalb einfach „Heydnisch Wundkraut" genannt. Später wurde sie nach ihrem Aussehen virga aurea = goldene Rute benannt. Carl von Linné, der vor 200 Jahren ein bis heute gültiges System der Namensgebung der Pflanzen aufstellte, gab der Pflanze ihren endgültigen Namen: „solidago virgaurea".

Martin Luther soll Goldrutenkraut sehr geschätzt und damit seine zahlreichen Gebrechen behandelt haben. Aber erst der deutsche Arzt Johann Gottfried Rademacher (1772-1850) machte im 19. Jahrhundert aufmerksam auf die große Bedeutung der Goldrute als Nierenmittel.

Die Kräuterkundige Susanne Fischer-Rizzi gibt ein einfaches Rezept für einen **Goldrutenwein** an:
„Ein Schraubglas zur Hälfte mit frischem zerschnittenem Goldrutenkraut füllen. Mit einem Liter guten Weißwein aufgießen, verschließen und 2-3 Wochen an einem dunklen, nicht zu kühlen Ort ziehen lassen. Abseihen. Täglich 2-3 Likörgläschen." [26]

Psychosomatiker sagen, das die Nierentätigkeit auch mit dem Ausscheiden negativer Gefühle zu tun hat, insbesondere solcher, die mit zwischenmenschlichen Beziehungen zusammenhängen. Nierenerkrankungen stellen sich oft bei Verlust von Besitztümern, sozialem Rang oder eines geliebten Menschen ein.

Die Homöopathen erkennen in der „Solidagopersönlichkeit" jenen Typus, der dem Verlangen nach liebender Verbindung mit vernunftbedingter Zurückhaltung begegnet.

Dank Ihrer vielen gold-gelben Blüten fand die Goldrute bei Geldzauber Anwendung.
Wenn sie sich unerwartet vor oder an der Haustüre breit macht, so sollen unerwartetes Glück und Reichtum ins Haus stehen.

Wenden wir unseren Blick auf die linke Seite zum Ufer des Europaka-
nals, dann finden wir die stolze **Erzengelwurz / angelica archangelica
L**. Andere Namen sind Edle Angelika, Brustwurz, Geistwurz oder
Theriakwurz.

Angelika, ein Engelwesen unter den Pflanzen. Die Engelwurz kam aus
dem nordischen Heilschatz im 14. Jahrhundert und wurde zuerst in
den Klostergärten angebaut.

Die Engelwurz ist ein Amarum aromaticum, verdauungsfördernd,
appetitanregend und entblähend. Sie wirkt desinfizierend, schweißtreibend und weckt die Lebensgeister. Sie wird vor allem bei Erkrankungen der Verdauungsorgane und als auswurffförderndes Heilmittel
bei Erkältungskrankheiten und Lungenleiden verwendet.

Der **Angelikawein** ist ein vorzügliches Rezept bei Magen- und Verdauungsbeschwerden:
60 g Angelikawurzel, fein geschnitten, mit 1 Liter Weißwein über 1-2 Tage ansetzen. Nach 24-48 Std. 2 g Anis dazugeben und wieder 1-2 Tage ziehen lassen und schließlich abseihen. Täglich 1-2 mal täglich 1 Esslöffel davon trinken. [27]

Die Engelwurz ist ein Hauptbestandteil des „Chartreuse". Dieser Chartreuselikör ist ursprünglich von den Kartäusermönchen „la Grande Chartreuse" in der Nähe von Grenoble hergestellt worden. Nach einer Überlieferung sollen die Mönche das Rezept im Jahre 1605 aufgeschrieben haben. Der Name „Chartreuse" ist heute geschützt. Der Likör schmeckt aromatisch und süß. Er eignet sich zum Verfeinern von Kuchen, Eis, Süßspeisen. Hauptingredienzen sind Melisse, Pfefferminz und Engelwurz.

Eine Abart unserer europäischen Angelikawurzel wurde bei Erkrankungen der Verdauungsorgane, als Nierenmittel, als Herz- und Kreislaufmittel bereits im Kräuterbuch des Kaisers Shing-nong (3500 v. Chr) sehr gepriesen. „Tang-Kuei" wird sie dort genannt.

Die europäischen Arten der Angelika sind in den nordischen Ländern seit jeher Kulturpflanzen und wurden auch als Nahrung verwendet. Die Lappen bereiten aus den aufgeblühten Dolden, mit kochender Rentiermilch übergossen, einen Brei. Dieser topfenartige Brei wird in

Rentierdärme gefüllt und zum Trocknen aufgehängt. Nach Wochen und Monaten werden die Därme in Scheiben geschnitten. Diese wohlschmeckende, käseartige Speise gilt als sehr verdauungsfördernd.

In unseren Breiten war Angelika eine berühmte Heilpflanze und zu Pestzeiten wurde sie zur wahren Engelwurz. Tabernaemontanus schreibt: *„Als wenn der heilige Geist selber oder die lieben Engel dieses Gewächs und heylsame Wurzel dem Menschen gezeigt hätte."* [28]

Sie schützte gegen Hexenzauber und war Bestandteil des sagenhaften Theriaks (Bittermittel-Lebenselixir). Sie war das Allheilmittel gegen die Pest und wurde demzufolge fast ausgerottet, doch danach auch vergessen. Erst Pfarrer Kneipp brachte sie wieder in Erinnerung. Er lobte den Tee von der Wurzel, die er für ausgesprochen giftwidrig hielt und „alle schlechten Stoffe aus dem Blute ableite". Der Tee behebe weiters das Magenbrennen, Aufstoßen, löse den Schleim in der Luftröhre und in der Lunge.

ACHTUNG: Wer Angelika selbst sammeln möchte, muss unbedingt auf Verwechslungen mit dem tödlich giftigen Schierling achten. Seine Wurzeln sind jedoch deutlich in Querkammern unterteilt. Ein wichtiges Unterscheidungsmerkmal ist außerdem der Geruch. Angelikawurzel duftet nach frischem Sellerie, der Schierling dagegen riecht unangenehm nach Mäusekötel.

Für Susanne Fischer-Rizzi hat die Engelwurz eine besondere Ausstrahlung: *„Sie hat etwas Aufrechtes, Stärkendes, Großzügiges. Ihre Gestalt, ihr erfrischender, aromatischer Geruch stärken, geben Mut. Sie könnte stärken, wenn der Körper geschwächt ist, neue Kraft, Wärme und Mut braucht."* [29]

Wer Elfen und Feen sehen möchte, so wird auch erzählt, der gehe bei Mondenschein in die Nähe der Engelwurz. Zur Blütezeit sollen sich Feen und Elfen bevorzugt unter ihren Dolden aufhalten.

Wieder ans Flussufer

Wir steuern nun dem Dultplatz zu und spazieren weiter entlang am Donauufer. Ein ständiger Flussbewohner und Begleiter auf unserem Weg ist die **(Silber)Weide / salix alba L**. Volksnamen sind Felbern, Katzenstrauch, Korbweide, Fieberweide, Maiholz oder Weinbuche.

Vor den Blättern erscheinen die Blüten, die „Weidenkätzchen". Alle Weiden sind zweihäusig, so dass auf einem Baum immer nur die Blüten eines Geschlechts anzutreffen sind: Es gibt also weibliche und männliche Weidenbäume. Die männlichen Blüten haben gelbe Staubbeutel. Die Bestäubung übernehmen die Bienen.

Anwendung findet die Rinde der Silberweide. Sie ist im Frühjahr leicht von den Zweigen zu lösen. Anschließend wird sie an der Luft getrocknet. Die enthaltenen Salicylsäureverbindungen verwendet man als Fieber- und Rheumamittel. Die Weidenrinde wirkt schweißtreibend und schmerzlindernd, auch bei Kopfschmerzen. ACHTUNG: Nicht während der Schwangerschaft verwenden!

Die getrocknete Weidenrinde, in der Pflanzenheilkunde zu Tee oder auch Fertigpräparaten verarbeitet, hat sich bei chronischen Kopf- und Rheumaschmerzen als gutes Schmerzmittel bewährt. Sie hat aber gegenüber dem Aspirin den Vorteil, dass sie zum einen nicht Blut verdünnend wirkt und zum anderen nicht die Nebenwirkungen wie z.B. Mikroblutungen im Magen-Darmtrakt verursacht.

Weiden galten einst als Hexenbäume, aber auch als Symbol der unbändigen, sich immer selbst erneuernden Lebenskraft. Die Zauberbesen der Hexen sollen aus Weidenruten gefertigt worden sein. Zur Zeit der Hexenverfolgung glaubte man, dass Hexen als schöne Mädchen in den Weiden verschwanden und als fauchende Katzen wieder hervor kamen.

Eigentlich alle Kräuterkundigen der vergangenen Jahrhunderte schrieben der Weide vielfältige Heilwirkungen zu. Bereits Hippokrates und Plinius haben die Weidenrinde als Fiebermittel angewendet. Die hl. Hildegard schätzte sie als Standardheilmittel.

Die keltischen Druiden hatten die Weide als 5. Baum in ihr Baumalphabet aufgenommen. Zur Zeit der Weidenblüte feierten sie das Fest der Wiedergeburt der Natur. Weidenzweige wurden in den Boden gesteckt um die Fruchtbarkeit der Felder zu fördern. Auch die Palmweihe, die am Palmsonntag in der katholischen Kirche gefeiert wird, hat wohl in alten Fruchtbarkeitsfesten ihren Ursprung.

Man sammelte früher die Rinde auch zum Gerben, und stellte aus dem Absud der Blätter eine Farbe her, um Baumwolle zu färben. Die Weidenruten wurden seit Jahrtausenden zum Flechten von Körben und Befestigen von Wänden verwendet.

Selbst die Samenwolle wurde noch zu Kissen- und Polsterfüllungen genutzt. Heutzutage werden die Weiden zum Befestigen der Ufer auf Kahlschlägen und Ödland angepflanzt. Dort erschließen sie als Pionierpflanzen den Boden, entwässern und befestigen ihn für weitere Pflanzungen.

Flussabwärts durch die grüne Au

Zwischen Dultplatz und Donauufer erstreckt sich ein weite, grüne Au. Es lohnt sich, den Weg zu verlassen und über die Wiese weiterzulaufen. Hier finden wir alte Heilpflanzen wie den Beifuß und die Schafgarbe. In dem im 11. Jahrhundert niedergeschriebenen angelsächsischen Neunkräutersegen wird der **Beifuß / artemisia vulgaris L.** als erste Pflanze angerufen.

> „Erinnerst du dich Beifuß, was du verkündest,
> was du anordnest in feierlicher Kundgebung,
> Una heißt du, das ältste der Kräuter,
> Du hast die Macht gegen drei und gegen dreißig,
> Du hast die Macht gegen Gift und Ansteckung,
> Du hast die Macht gegen das Übel,
> das über das Land dahinfährt." [30]

Andere Namen des Beifuß sind Sonnwendgürtel, Wilder Wermut, Gänsekraut, Jungfernkraut, Besenkraut, Gürtlerkraut, Machtwurz oder auch Schoßwurz. Die Beifußpflanze ist auf der ganzen Welt verbreitet, vor allem aber in Europa, Nordamerika und Asien.

Durch die Kombination von ätherischen Ölen, Bitterstoffen und Gerbstoffen wirkt der Beifuß wärmend und kräftigend. Der Beifuß ist eine alte Frauenheilpflanze. Er wärmt den weiblichen Unterleib, entspannt, entkrampft und fördert die Durchblutung. Er ist hilfreich bei chronischen Frauenerkrankungen. Der Beifuß hat die Macht, die Menstruation, aber auch Wehen auszulösen. ACHTUNG: Nicht während der Schwangerschaft verwenden!

Im Magen-Darm-Bereich unterstützt er die Verdauung. Als Gewürz hilft er, fette Speisen (Gänsebraten, Fleisch) leichter zu verdauen und

als Wein regt er den Appetit an. Er fördert den Gallefluss und die Verdauungssäfte. Bei chronisch kalten Füßen lohnt ein Versuch mit Fußbädern.

Ein Rezept für einen Heilwein:
2g Beifuß in 100ml Weißwein ansetzen, 10 Tage ziehen lassen, abfiltern, 1 Schnapsgläschen vor den Mahlzeiten zur Verdauungshilfe. [31]

Eine sehr gute **Gewürzmischung** für Schmalzbrote, Eierspeisen und auch Käse: 5g Beifuß, 2g Thymian und 2g Rosmarin. [32]

Die große Verehrung, welche die Menschen der Pflanze entgegen brachten, drückt sich schon in ihrem lateinischen Namen aus: „Artemisia" nach der großen Göttin Artemis benannt. In der Frauenheilkunde gehörte der Beifuß auch zu den Hebammenkräutern und war wichtiger Bestandteil in dem sogenannten Liebfrauenbettstroh, einer Füllung für die Matratze oder ein Kissen der Gebärenden und Wöchnerinnen. Der Beifuß stand den Frauen in jeder Lebensphase – Pubertät, Geburt, Wechsel – „bei-Fuß".

Traditionell ist er ein Sonnwendkraut, als Gürtel um den Leib getragen, sprangen die Menschen übers Sonnwendfeuer (Sommersonnwend am 21. Juni) und warfen ihn anschließend in die Flammen. Dabei sollte das „krank-machende" vom letzten Jahr im Feuer verbrennen und der Sprung sollte den Sprung ins neue, gesunde Jahr symbolisieren.

Bekannt ist der Beifuß auch als Räucherware. Er soll das dritte Auge (Chakra) öffnen und die Verbindung zur geistigen Welt herstellen.

Die Chinesen kennen den Beifuß als Kraut zur Moxabehandlung. Dabei werden auf bestimmten Akupunkturpunkten des Körpers kleine Kegel des fein zerriebenen Krautes abgebrannt. Durch die Hitze entsteht eine reflektorische Wirkung auf die erkrankten Organe und deren Energiefluss.

Dem Beifuß wird auch eine stark reinigende Kraft zugesprochen. Er eignet sich so bei Räucherungen in Lebenssituationen, die eine Entscheidung erfordern und einen Wendepunkt darstellen. Es heißt, Beifuß könne helfen, Altes zurück- und loszulassen.

Bei Kelten und Germanen galt der Beifuß als wichtige, magische Kraftpflanze. Thor der germanische Donnergott besaß den Zaubergürtel Megingjardr. Mit diesem Gürtel aus Beifuß konnte er seine Kraft verdoppeln und so seine gefährlichen Reisen und Kämpfe bestehen. Desweiteren sollte Beifuß Dämonen fernhalten und vor bösem Zauber schützen. Unters Kopfkissen gelegt, soll er unkeusche Träume bringen.

Auch in den „Flugsalben" der Hexen und Schamanen war Beifuß enthalten. Dazu wurde in den Raunächten eine Gans geopfert und mit Beifuß ausgerieben und geräuchert. Dann wurde das Fett ausgelassen und mit Bilsenkraut, Tollkirsche, Schierling und weiteren Giftpflanzen gekocht. Hexen und Schamanen haben sich mit dieser Salbe wohl-dosiert eingerieben und „reisten" so zu den Geistern, Göttern oder Ahnen.

In unserer Zeit ist der Beifuß noch in den Kräuterbuschen enthalten, die an Maria Himmelfahrt (15. August) gesammelt und gebunden werden. Das Büschel wird in der Kirche geweiht und dann im Dachboden aufgehängt, es soll vor Blitz und Donner schützen.

Auch die Schafgarbe zählt zu den ältesten Heilpflanzen der Menschheit. In einem Grab in Shanidar / Iran, das auf etwa 60.000 vor unserer Zeitrechnung datiert wurde, fanden sich Blütenpollen von 8 Heilpflanzen, darunter die **Schafgarbe / achillea millefolium L**.

Sie wird auch Bauchwehkraut, Gänsezungen, Grillenkraut, Schafrippe, Tausendblatt, Augenbraue der Venus oder Zimmermannskraut genannt.

Die Schafgarbe eignet sich bei Magen- und Darmstörungen, die von Krämpfen begleitet sind, gegen Appetitlosigkeit, bei Blutungen aus Mastdarm, Hämorrhoiden, Uterus und Blase. Die Schafgarbe wirkt blutstillend, entzündungshemmend und antiseptisch bei Wunden innerlich und äußerlich.

„Schafgarbe im Leib, tut wohl jedem Weib." [33] So beschreibt die Volksüberlieferung trefflich die Verwendung der Schafgarbe in der Frauenheilkunde. Sie hilft Frauen bei Verspannungen im kleinen Becken, bei Krämpfen während der Periode. Sie wirkt hormonausgleichend und hilft bei zu schwacher oder bei zu starker Blutung. ACHTUNG bei Überempfindlichkeit gegen Korbblütler!

Schafgarbe am Pfaffensteiner Steg.

Ein **Frühlingspunsch** nach Ursel Bühring:
Eine Handvoll Schafgarbenblättchen, 1l guten Rotwein, eine Nelke, ein Lorbeerblatt, eine halbe Zimtstange und den Saft von 2 Orangen zusammen kurz aufkochen lassen, 10 Min. ziehen lassen und dann durch ein Sieb geben. Heiß trinken! [34]

Bei den Kelten und im chinesischen „I Ging" galt die Schafgarbe als Orakelpflanze. Die Römer stellten auf Grabplatten die Schafgarbe als Sinnbild des Ewigen Schlafes dar. In Frankreich legten Eltern ihren Kindern Blätter der Schafgarbe auf die Augen, damit sie leichter einschliefen und schöne Träume hatten, und auch heiratswillige Mädchen nutzten diese Eigenschaften und hofften im Traum ihren Liebsten zu sehen.

Zusammen mit Engelwurz und Baldrian galt die Schafgarbe im Mittelalter als wichtiges Mittel gegen die Pest, und bei den Wundärzten war sie im täglichen Gebrauch: *„... ist in summa ein köstlich Wundkraut. Und derhalben bey den Wundärzten im täglichen Brauch."* [35]

Der Sage nach erhielt die Schafgarbe ihren botanischen Namen Achillea nach dem griechischen Helden Achilles. Achilles war ein Schüler des Zentauren Chiron, des großen Lehrers aller Kräuterkundigen. Mit Hilfe der Schafgarbe habe Achilles Telephos, den König von Mysien, von einer Wunde geheilt, die er ihm 8 Jahre zuvor im Kampf mit seiner Lanze zugefügt hatte und die bis zu jenem Zeitpunkt nicht geheilt war.

Durch den Inhaltstoff Azuleen ist das ätherische Öl der Schafgarbe blau gefärbt. Für Maurice Messgue (französischer Kräuterheiler) ist die Schafgarbe die *„Jodtinktur der Wiesen und Felder"*. Frisch gestampft als Kompresse aufgelegt oder als Waschung desinfiziere und heile die Schafgarbe Wunden.

Zwischen Steg und Brücke

Direkt in Ufernähe gelangen wir nun auf einen Trampelpfad, den wir weiter entlang gehen, unter dem Pfaffensteiner Steg hindurch Richtung Steinerne Brücke und Spitalkeller. Bevor uns eine kühle Erfrischung im Biergarten erwartet, begegnen wir auf Schritt und Tritt dem Gänsefingerkraut und dem Fünf-Fingerkraut.

Das **Gänsefingerkraut / potentilla anserina L.** ist **das** Krampfkraut der Pflanzenheilkunde. Es hilft vor allem bei Magen- und Darmkrämpfen und bei Unterleibskrämpfen der Frauen. Das frische oder getrocknete Kraut 5 Minuten in heißer Milch (Ziegenmilch) ausziehen. Schluckweise trinken. Das weichgekochte Kraut am besten auf die verkrampfte Stelle legen, so erzielt man auch von außen eine heilende, krampflösende Wirkung.

Bei Muskelkrämpfen kann das Gänsefingerkraut auch äußerlich 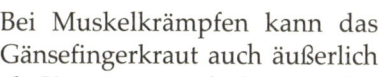 als Kompresse aufgelegt werden. Das Kraut etwas zerstampfen, mit heißem Wasser überbrühen, abseihen und die getränkte Kompresse direkt auf die betroffene Stelle legen und dort 1-2 Stunden belassen. Eine anschließende Einreibung mit Beifußtinktur erhält die durchblutungsfördernde Wirkung.

Das Gänsefingerkraut war eine von Pfarrer Kneipps Lieblingsheilpflanzen. Er erinnerte vor allem an die alte germanische Tradition, bestimmte Pflanzen in Milch ziehen zu lassen, um so ihre Wirkstoffe zu erschließen. Und auch von der alten babylonischen und assyrischen Medizin ist bekannt, dass eine Aufkochung der Pflanzen in Milch als üblichste Zubereitungsart galt.

Weitere Namen für das Gänsefingerkraut sind auch Anserine, Ganspratzen, Krampfkraut, Martinshand oder Silberkraut.
Im Allgäu und Oberbayern wird die Anserine heute noch in der Tierheilkunde verwendet.

Susanne Fischer-Rizzi beschreibt das Gänsefingerkraut besonders liebevoll: *„Die schönsten Blätter des Gänsefingerkrautes sehen aus wie kleine Palmwedel. Doch das Schönste an ihnen ist nicht diese anmutige, filigrane Form, sondern ihre silbrigweiße Behaarung an der Unterseite. Sie schimmern matt wie von Mondlicht übergossen. Wen wundern da die alten Erzählungen und Sagen, die von kleinen Elfen und Pflanzengeistern berichten, die sich bei Mondschein auf den Blättern des Gänsefingerkrauts zum Plaudern und Tanzen treffen."* [36]

Die Wurzel (vor Sonnenaufgang am Sonnwendtag ausgegraben) soll, als Amulett getragen, helfen, die Liebe der Menschen zu gewinnen.

 Das **Fünf-Fingerkraut / potentilla reptans** wurde früher wie die Blutwurz / potentilla erecta verwendet. Sie gehören zu der Gattung der „Fingerkräuter". Diese Gattung zählt rund 300 Arten. Als botanische Besonderheit gilt, dass die Blüten der Blutwurz im Gegensatz zu anderen Arten aus der Rosengewächsfamilie nur vier Kronblätter tragen. Darüber hinaus sind Blumen mit nur vier Kronblättern in unserer einheimischen Flora eine Seltenheit.

Weitere Namen sind Tormentill, Ruhrwurz oder rote Heilwurz. Verwendet wird hier die Wurzel (frisch oder getrocknet). Ein bewährtes Heilmittel für entzündliche und infektiöse Dick- und Dünndarmerkrankungen und bei allen Entzündungen im Mund- und Rachenbereich.

Durch den hohen Gerbstoffgehalt (je nach Pflanze teilweise bis zu 25 Prozent) wirkt die Blutwurz stark zusammenziehend (adstringierend).

Äußerlich angewendet ist das Blutwurzpulver eines der besten Blutstillmittel. Blutende Wunden oder Schnitte erst z.B. mit Arnikatinktur desinfizieren und dann mit dem Wurzelpulver bestreuen oder Umschläge aus mit Blutwurztinktur getränkten Kompressen auflegen. Auch in der Tierheilkunde kann die Blutwurz bei Durchfallerkrankungen und bei Wunden und Verletzungen verwendet werden.

Die **Blutwurz-Tinktur** lässt sich leicht selbst herstellen:
Die gesäuberte, frische Wurzel wird in einem Steinmörser zerstampft. Dann füllt man ein dunkles Schraubglas zur Hälfte mit der Wurzel und gießt dann mit 90 % Alkohol das Glas auf. 2-3 Wochen ziehen lassen, öfters schütteln, abseihen und in eine dunkle Tropfflasche umfüllen. Innerhalb eines Jahres nimmt der Gerbstoffgehalt stark ab. Man sollte also nur kleine Mengen verarbeiten und lieber jedes Jahr frische Tinktur oder Pulver herstellen. [37]

Besonders in den Cholera- und Pestzeiten galt die Blutwurz als die beste Heilpflanze gegen diese Seuchen. *„Eyn gemein regel – was man für eine artzney wider gifft und pestilentz bereiten will – soll alwegen der Tormentill nit vergessen werden"*, meinte Hieronymus Bock (um 1530). [38] Es gibt kaum eine Pestsage, in der nicht auch Tormentill, die Blutwurz vorkäme. Die im Mittelalter häufig verwendete und dann vergessene Heilpflanze wurde vom Kräuterpfarrer Kneipp wieder in Erinnerung gebracht.

In alten Büchern wird die Pflanze auch Marshand, Hermesfinger, Rauchkraut genannt. Wenn man das Kraut am Mittag zwischen 11 und 12 Uhr pflückt und an die Stalltür nagelt, so schützt es vor Hexerei.

Oft war das kriechende Fingerkraut Bestandteil von Räuchermischungen, um böse Geister zu vertreiben. Die Pflanze galt weiter als wichtige Ingredienz der „Flugsalben". Es heißt, das Fünffingerkraut helfe wieder auf die Erde zurückzukehren.

Das Fünffingerkraut wurde auch als Glückszauber eingesetzt: die fünf „Finger" des Blattes symbolisieren Liebe, Geld, Gesundheit, Macht und Weisheit, und somit soll das Kraut diese Eigenschaften auf den übertragen, der die Pflanze als Amulett bei sich trägt.

Direkt unterhalb des Spitalgartens, mit seiner zauberhaften Aussicht, begrüßt uns am Ufer die **Große Klette / arctium lappa L.** mit ihren zottigen, haarigen Blütenkugeln. Diese haben der Klette ihren lateinischen Namen „Arctium" verliehen. Der Name leitet sich vom griechischen arcos der Bär ab. Andere Namen sind Bolstern, Haarballe, Haarwachswürze, Kladde, Klitzebusch oder Love leaves (in England).

„Klettenblätter gelten als so gewöhnlich, dass Menschen, Esel und Raupen die einzigen Tiere sind, die sie fressen." (C. Millspaugh 1892) [39]

Kräuterkundige auf der ganzen Welt wenden die Klette an. Eine derart wirkungsvolle und grundlegend blutreinigende Pflanze verdient es, so anspruchslos sie auch ist, Wert geschätzt zu werden.

Sie entfaltet ihre Wirkung langsam, aber stetig. Die Wurzel wirkt harn- und schweißtreibend, sowie stark blutreinigend. Ihr hoher Inulinge- halt ist für Zuckerkranke von Bedeutung, da das Inulin ihren Zucker- stoffwechsel nicht belastet. Aus den Klettenwurzeln kann die Diät-

küche ein schmackhaftes Gemüse für Zuckerkranke bereiten. Auch bei Leber- und Gallekrankheiten ist die Klette eine gesunde Diätbeilage.

In äußerlicher Anwendung dient der Tee aus Klettenwurzel als Bade- mittel für nässende Flechten, Furunkeln, Abszesse und sonstige Haut- unreinheiten. Nach dem Baden zerquetscht man eine frische Wurzel und legt diese als Auflage auf die erkrankten Stellen.

Außerdem wird aus der Wurzel das Klettenwurzelöl gewonnen. Der Erfolg seiner Anwendung zur Behandlung von Haarausfall wird viel- fach bestritten. Allerdings ist hier folgendes zu beachten: Wenn die Haarwurzeln in Folge tiefgreifender hormonaler Veränderungen oder schwerer Hautschäden abgestorben sind, wird das Klettenwurzelöl keine Heilwirkung bringen. Wenn aber das natürlich frische und unverfälschte Klettenwurzelöl (das Klettenwurzelöl z.B. aus Apotheke oder Drogerie muss keine Klettenwurzelauszüge enthalten!) durch Anregung der Zirkulation zur Haarwuchsförderung bei an sich gesunden, nur geschwächten Haarwurzeln mitwirken kann, wird man durch die hautanregenden Wirkstoffe positive Erfolge erzielen können.

Rezept für ein **Klettenwurzelöl** nach Susanne Fischer-Rizzi:
Frisch zerstoßene Klettenwurzel in ein Schraubglas geben, mit Öl auffüllen (je nach Belieben Jojobaöl, Sonnenblumen- oder Olivenöl).
3 Wochen an einem sonnigen, warmen Platz ziehen lassen. Abseihen, kühl und dunkel aufbewahren. Zum Einreiben bei Muskel-, Gelenk- und Hauterkrankungen. Zum Einmassieren in den Haarboden bei Schuppen und Haarausfall. [40]

Die Anwendung der Klette als Heilmittel reicht bis ins Altertum. Sie soll sogar Heinrich III. von der Syphilis geheilt haben.
Der deutsche Arzt Christian Hufeland, der auch Goethe, Schiller und Herder als Patienten betreute, verwendete die Klette bevorzugt bei Wunden und Geschwüren.

Die Frauen der Cherokee Indianer kochten und aßen die Klettenwurzel, um die Gebärmutter vor und nach der Geburt zu kräftigen.
In England heilen Hebammen den akuten Gebärmuttervorfall mit einem Gebräu aus frischer Klettenwurzel – über Nacht in Wein oder heißem Wasser eingelegt - das in kleinen Schlucken getrunken wird.

Rast im Spitalgarten

Und bevor wir nun endlich die Treppen zum Biergarten erklimmen brummeln ein paar Hummeln vorbei und machen uns auf den **Rotklee / trifolium pratense L.** aufmerksam. Der Rotklee wird nur von Hummeln bestäubt, da der Rüssel der Bienen für seine Blüten zu kurz ist. Andere Namen für ihn sind Wiesenklee, Futterklee, Honigklee oder Zuckerbrot.

Die 3- , 4- , 5-blättrigen, grünen Blätter sind allgemein bekannt. Die frechen, roten Blütenköpfchen erinnern mich immer an den Pumuckel.

Rotklee ist eines der besten Mittel bei Hautausschlägen, auch chronischer Natur. Englische Kräuterkundige sagen ihm krebsheilende Kräfte nach. Der Rotklee findet Anwendung bei Schleimhautentzündungen aller Art und zur Rekonvaleszenz, damit sich Gesundende leichter erholen. Der Rotklee kann einen Energieschub bringen.

Die einzelnen „Röhrchen" des Blütenköpfchens aussaugen, schmeckt wunderbar süß und leicht nussig. Über alle Salate und Gratins kann man die einzelnen Röhrchen als essbare Blütendekoration streuen. Das sieht schön aus und schmeckt lecker.

Das Kleeblatt ist seit alters her **das** Glückszeichen: 3-blättrige sollen Gesundheit und treue Liebhaber bringen, 4-blättrige geistigen und seelischen Frieden, Geld, Reichtum und übersinnliche Kräfte, 5-blättrige Geld und eine gute Ehe.

Angeblich hat Eva ein vierblättriges Kleeblatt aus dem Paradies mitgenommen, um sich an den verlorenen Garten Eden zu erinnern.
Der Rotklee wurde von den Kelten sehr verehrt. Für sie war er Sinnbild der Lebenskraft. Die Druiden kannten eine besondere Magie: Blütenköpfe und Blätter 3 Tage in Essig einlegen und dann versprengeln, dies halte unerwünschte Wesen fern.

Einige Rotklee-Blüten in der Tasche oder als Amulett sollen neue Liebe anziehen. Im Mittelalter war der Rotklee Symbol der Dreifaltigkeit. Auch in der Kunst wurde er oft verwendet, in gotischen Kirchen, in Wappen, als Spielkartensymbol. Die Menschen im Mittelalter glaubten: Wer ein Dreiblatt bei sich trägt, hat die Gabe, Hexen und gute Feen zu erkennen.

Zurück zum Grieser Steg

Wir verlassen den Spitalgarten wieder in Richtung Donau. Gestärkt und ausgeruht sind wir nun am Ende unseres Spaziergangs angelangt. Unter der Steinernen Brücke hindurch Richtung Grieser Steg empfangen uns unterhalb des Andreasstadls fast vergessene Heilpflanzen wie die Gundelrebe, der Bärenklau und die Wilde Möhre.

Der große Kräuterkundige Matthiolus schrieb 1563 über die **Wilde Möhre / daucis carota L.**:

„Die Möhren gesotten sindt lieblich zu essen dem magen nützlich treiben den harn bringen lust zur speiss vnd zu den ehlichen wercken. Der dürre samen gepuluert vnd in wein eingenommen ist gutt denen so den heschen haben vnd grimmen im leib. Er treibet den stein vnd die weiblichen Blumen. Wider den stein: Nim Mören sampt den blettern vnd samen seudts in wasser geuss in eine wanne vnd sitz darein es hilfft." [41] Die Volksmedizin hat dies in allen Einzelheiten übernommen.

Die Samen gehören zu den erwärmenden Samen und haben harntreibende, blähungsstillende Eigenschaften ähnlich wie Anis, Fenchel oder Kümmel. Bekannt ist der so genannte Karottensirup. Bei Erkältungskrankheiten, bei grippalem Infekt oder Bronchitis, beginnender Lungenentzündung, Halsentzündung oder bei Kehlkopfentzündung, wurde bei Alt und Jung dieser Sirup viel und mit besten Erfolgen angewendet.

Karottensirup:
Die Wilden Möhren werden säuberlich gewaschen, zerschnitten und ausgepresst. Der frische Rohsaft wird unter Zugabe von Rohr- oder Kandiszucker zu einem Sirup dick eingekocht. Dieser wird in weithalsige Gläser gefüllt, die mit Pergamentpapier gut verbunden werden. Den Sirup esslöffelweise einnehmen! [42]

In der modernen Pflanzenheilkunde wird die Wilde Möhre nicht mehr verwendet. Die Homöopathie empfiehlt sie, wenn der Mensch nicht in seiner Mitte ruht, also bei Zuständen wie Konzentrationsstörungen, Antriebsschwäche, mangelnde Wachheit und Depression.

Andere Bezeichnungen der Wilden Möhre sind Gelbe Rübe, Karotte, Vogelnestchen oder Wörteln. Bei der wilden Möhre fällt die schwarz-purpurfarbene Einzelblüte in der Mitte der reichblütigen, sonst weißen Doppeldolde auf, als ob ein kleiner dunkler Käfer in der Mitte der Blüte säße. Doldenblütler lassen sich für den Laien oft schwer von einander unterscheiden, so dass auffallende Merkmale sehr hilfreich sind.
ACHTUNG: Nicht mit anderen, zum Teil tödlich giftigen Vertretern der Doldenblütler verwechseln!

Genau hinschauen müssen wir um die kleinwüchsige **Gundelrebe / glechoma hederacea L.** zu entdecken.

Auch Donnerrebe, Erdefeu, Eiterkraut, Grundrebli, Guck-durch-den-Zaun, Gundermann, Hederich oder Zickelsräutchen wird sie genannt.

Gundelrebenwaschungen sind angezeigt bei Geschwüren, Fisteln und alten, stets fliessenden und sich nicht schließenden Wunden. „Gund" heißt auf althochdeutsch „Eiter-Geschwür".

Nach altem germanischen Brauch werden Kräuter in fetter Milch, am besten Ziegenmilch gesotten. Da die ätherischen Öle in fett löslich sind, nimmt das Milchfett die edlen Heilstoffe mit. Gundelrebe, in Ziegenmilch gesotten, schmeckt lecker und gibt viel Kraft. Die Gundelrebe war zudem eine unabdingbare Zutat der bei unseren Vorfahren üblichen, blutreinigenden Frühlingssuppe.

Viele Zeitgenossen lächeln über alten Kräuterglauben. Aber unsere Vorfahren vertrauten auf die lebensspendenden, winteraustreibenden, verjüngenden und harmonisierenden Kräfte, die den Frühjahrskräutern innewohnen. Wer die Frühlingssuppe, die Neun-Kräutersuppe aß, der fühlte sich mit den erweckten und erneuerten Kräften der Natur verbunden. Zu den Kräutern gehörten die kleinen fettig glänzenden Blätter des Scharbockkrauts, die ersten Triebe des Bärlauchs, der Brunnenkresse, der Brennnessel, des Löwenzahns, des Sauerampfers, der Gundelrebe, der Schafgarbe und des Gänseblümchens, je nach Region auch andere froststrotzende Frühjahrspflanzen. Alle diese Kräuter reinigen und stärken den menschlichen Organismus. Jeder kennt das Gefühl der Frühjahrsmüdigkeit, die sich bleiern auf Glieder und Gemüt legt. Da kann das frische Grün kleine Wunder bewirken. Nach dem Verzehr dieser Suppe fühlt man sich tatsächlich wohler und vitaler. Zudem schmeckt sie ausgezeichnet.

Rezept für eine **Frühlingssuppe**:
Fein gehackte Zwiebeln in Butter oder Öl andünsten mit Gemüsebouillon ablöschen, fein gehackte frische Frühjahrskräuter (eine Tasse pro Teller) hinzugeben, kurz aufwallen lassen. Zum Schluss je nach Geschmack etwas Sahne, Sauerrahm und Brotwürfelchen hinzufügen. [43]

Die Germanen nutzten die Gundelrebe als Heil- und Zauberpflanze. Die Bevölkerung hielt sie für einen guten Pflanzengeist, der bösen Zauber fern hielt. Wegen der blauen Blüten, die man mit dem Gewitter in Zusammenhang brachte, war sie dem Donnergott geweiht. Ein aufgehängtes Sträußlein im Haus sollte vor Blitzschlag schützen. Angeblich soll sie den Kobolden als Nahrung dienen.

Im Mittelalter verwendete man die Gundelrebe gegen verhexte Milch. Hierfür sollte man der Kuh drei Kränzlein aus Gundelrebe zu fressen geben und dazu folgende Worte sprechen: *„Kuh, da geb ich Dir die Gundelreben, dass du mir die Milch willst wiedergeben."* [44]

Die sehr verbreitete und tief verwurzelte Verwendung der Gundelrebe gegen Milchzauber könnte darauf beruhen, dass die Pflanze nach dem langen Winter als erstes Grün im Frühjahr kostbares, milchförderndes Viehfutter war.

Das Herkuleskraut, der **Wiesenbärenklau / heracleum sphondylium L.** verabschiedet uns auf unserer Heilpflanzenreise und entlässt uns wieder auf den Grieser Steg.

Das ätherische Öl des Bärenklaus regt den Verdauungsapparat an, wirkt gegen Husten, leicht Schleim lösend, blutdrucksenkend und aphrodisierend. In der modernen Pflanzenheilkunde findet der Wiesenbärenklau leider nur noch als Wildgemüse Verwendung.

ACHTUNG: Das Furocumarin des Wiesenbärenklaus kann bei Sonnenlicht zu Hautreizungen führen. Besonders gefährlich wirkt dies beim Riesenbärenklau. Die bloße Berührung kann eine Wiesendermatitis (wie große Brandblasen) hervorrufen.

Vor allem in Osteuropa fand der Bärenklau Verwendung bei Verdauungsstörungen, Durchfall und Magenbeschwerden (Wurzel und Blätter). Zur Auflage dient das Kraut äußerlich aufgetragen bei Geschwüren und schlecht heilenden Wunden.

Der Bärenklau wurde bei uns seit dem Mittelalter als Heilpflanze verwendet, Wurzel und Kraut bei Leberleiden, Gelbsucht und beschwerlichem Atem, der Blütensaft bei eiternden Ohren. Als Aphrodisiakum in Form von Hand- und Fußbädern (zweimal täglich Blätter und Wurzeln). Des weiteren bei Geschwüren und Furunkeln.

In Litauen und Polen wurde sogar eine Art Bier aus den vergorenen Blättern und Stängeln gebraut. Der Bärenklau schmeckt mild, süßlicharomatisch. Im April werden die ganz jungen und zarten Blätter noch in gekräuseltem Zustand gepflückt und feingehackt unter Salate gemischt. Sie verleihen ihnen ein volles würziges Aroma. Voll entwickelte Blätter können gegart und in Aufläufen, Souffles oder in Quiches verwendet werden. Als Suppenbeilage sollte man die Blätter wegen ihrer haarig-rauen Beschaffenheit pürieren. Die jungen Sprosse und Blattstängel kann man wie Spargel garen und mit einer Sauce Hollandaise genießen. Die noch nicht voll entwickelten Blütendolden in den Blattscheiden lassen sich, in Wasser oder über Dampf gegart, wie Broccoli zubereiten. Die zerstoßenen, kräftig riechenden und scharf schmeckenden Samen verleihen Getreide- und Kartoffelgerichten eine markante, würzige Note.

71

Blick von der "Steinernen" zum Grieser Steg, Endpunkt des Rundgangs.

Epilog

Da sagte die Engelwurz zu dem Wissenschaftler:
„Hältst du es für möglich, einen Menschen vollständig zu zerlegen,
ihn auf seine chemikalischen Grundbestandteile zu reduzieren,
das Ergebnis in eine messende und analysierende Maschine zu speisen,
und dann daraus zu schließen, ob er ein begabter Maler
oder ein kreativer Musiker ist? Nein?
Warum glaubst Du dann, dass Du etwas über mich weißt,
wenn Du das mit meinem physischen Körper getan hast?"

„Ja, aber wie sonst soll ich etwas über
die Heilkräfte einer Pflanze erfahren?",
fragte der verunsicherte Wissenschaftler.

„Frage die Alten, frage die Weisen,
sie werden es Dir sagen", antwortete die Engelwurz.

„Aber wir haben keine alten
Weisen mehr, und
kaum Überlieferungen!",
seufzte der Wissenschaftler.

„Dann werde selber ein Weiser!
Dann nimm mich als Lehrer.
Komm setz Dich zu mir.
Ich werde Dir die Rituale und Zauberworte
schenken, mit denen Du
meine Geschwister
rufen kannst.

Wolf-Dieter Storl [45]

Quellenhinweise

Vgl. „Verwendete Literatur"
auf S. 77/78

[0] Zit. nach Gallwitz,
     Ein wunderbarer Garten, S.130
[1] Zit. nach Klemme/Holtermann,
     Baumblättersalat, S.100
[2] Zit. nach Storl, Heilkräuter und
     Zauberpflanzen..., S.163
     (Rezept verändert, Belinda Haas)
[3] Zit. nach Schöpf, Zauberkräuter,
     S.111
[4] Zit. nach ebda., S.167
[5] Zit. nach ebda., S.166
[6] Zit. nach ebda., S.86
[7] Rezept von Belinda Haas
[8] Zit nach Storl, a.a.O., S.86
[9] Zit. nach Weustenfeld,
     Zauberkräuter von A bis Z, S.58
[10] Rezept von Belinda Haas
[11] Aus der mündlichen
     Überlieferung
[12] Zit. nach Fischer-Rizzi,
     Medizin der Erde, S.99
[13] Rezept von Belinda Haas
[14] ebenso
[15] Zit. nach Schöpf, a.a.O., S.95
[16] Zit nach Storl, a.a.O., S.111
[17] Zit. nach Schöpf, a.a.O., S.152
[18] Zit. aus
     http://www.gedichte-garten.de/
     artman/art/beitrag_172.shtml
[19] Zit. nach Pahlow,
     Das große Buch der Heilpflanzen,
     S.344
[20] Rezept von Belinda Haas

[21] Brooke, Kräuter für Frauen, S.147
[22] Zit. nach Ursel Bühring,
     Praxis-Lehrbuch der modernen
     Pflanzenheilkunde, S.329
[23] Zit. nach Storl, a.a.O., S.137
[24] Zit. nach Schöpf, a.a.O., S.88
[25] Rezept von Belinda Haas
[26] Zit. nach Fischer-Rizzi, a.a.O., S.99
[27] Zit. nach Willfort,
     Gesundheit durch Heilkräuter,
     S.39
[28] Zit. nach Marzell,
     Geschichte und Volkskunde
     der deutschen Heilpflanzen, S.164
[29] Zit. nach Fischer-Rizzi, a.a.O., S.70
[30] Zit. nach Fischer-Rizzi, a.a.O., S.27
[31] Rezept von Belinda Haas
[32] Rezept von Belinda Haas
[33] Zit. nach Fröhlich,
     Der Naturgarten des Sebastian
     Kneipp, S.14
[34] Zit. nach einer Postkarte der
     Freiburger Heilpflanzenschule
     Ursel Bühring, Edition Phönix
[35] Zit. nach Willfort, a.a.O., S.436
[36] Zit. nach Fischer-Rizzi, a.a.O., S.91
[37] Zit. nach Fischer-Rizzi, a.a.O., S.48
[38] Zit. nach Willfort, a.a.O., S.145
[39] Zit. nach Weed, Heilweise 2, S.16
[40] Zit. nach Fischer-Rizzi, a.a.O.,
     S.136
[41] Zit. nach Pahlow, a.a.O., S.236
[42] Zit. nach Willfort, a.a.O., S.253
[43] Rezept von Belinda Haas
[44] Zit. nach Storl, a.a.O., S.78
[45] Zit. nach Storl, Programmheft

Zur Autorin

Belinda Haas lebt in Regensburg und veranstaltet seit Frühjahr 2000 Kräuterspaziergänge und Seminare in der Stadt und ihrer Umgebung. Seit 2007 bietet sie auch eine Ausbildung in Pflanzenheilkunde und Naturerfahrung an.
Weitere Informationen unter www.alruna.eu

Dank

Herzlich bedanken möchte ich mich bei Brigitte Ascherl für die wunderschönen Pflanzenphotos und die unkomplizierte Zusammenarbeit, bei Karl Breuer für das erste Gegenlesen.

Wichtiger Hinweis!

Alle in diesem Buch enthaltenen Informationen, Rezepturen und Rezepte sind von der Autorin sorgfältig ausgewählt und überprüft worden. Dennoch erfolgen diese Angaben ohne Gewähr. Autorin oder Verlag können grundsätzlich keinesfalls für das Gelingen genannter Rezepte oder für das Eintreten beschriebener Wirkungen garantieren. Jegliche Haftung seitens der Autorin oder des Verlags für Schäden die aus dem Gebrauch dieses Buches resultieren, sind ausgeschlossen. Es wird ausdrücklich empfohlen, vor jeglicher Anwendung bzw. dem Genuss der in diesem Buch beschriebenen Pflanzen, einen ausgewiesenen Spezialisten zur Bestimmung dieser Pflanzen zu Rate zu ziehen.

Bildnachweis

Brigitte Ascherl: S.8, 9, 12, 16, 18, 21, 25u., 27, 30, 33, 38, 39, 41, 44, 47, 49, 50, 53, 60, 65, 67, 68, 70, 75

Herbert Wittl: Cover, S. 2, 3, 10, 14, 19, 20, 23, 25o., 26, 29, 31, 32, 34, 35, 36, 37, 40, 43, 46, 56, 58, 59, 62, 63, 64, 72, 73

Verwendete Literatur

Berger, Judith
Das magische Heilkräuterjahr, Knaur 2000
Brooke, Elisabeth
Kräuter für Frauen, Fischer 1994
Brooke, Elisabeth
Von Salbei, Klee und Löwenzahn, Bauer 1996
Bühring, Ursel
Praxis-Lehrbuch der modernen Pflanzenheilkunde, Sonntag 2005
Dörfler, Hans-Peter
Heilpflanzen, Urania 1990
Fischer-Rizzi, Susanne
Medizin der Erde, Irisana 1995
Fischer-Rizzi, Susanne
Blätter von Bäumen, Heyne 2000
Fröhlich, Hans Horst
Der Naturgarten des Sebastian Kneipp, Irisana 1997
Gallwitz, Esther
Ein wunderbarer Garten, Insel 1996
Gallwitz, Esther
Schneewittchens Apfel, Insel 1999
Haßkerl, Heide
Holunder, Dost und Gänseblümchen, Pala 2000
Kalbermatten, Roger
Wesen und Signatur der Heilpflanzen, AT 2002
Klemme, Brigitte, Holtermann, Dirk
Baumblättersalat, Rau 1999
Marzell,Heinrich
Geschichte und Volkskunde der deutschen Heilpflanzen, Reichl 2002
Müller-Ebeling, Claudia, Rätsch, Christian, Storl, Wolf-Dieter
Hexenmedizin, AT 1998

Pahlow, Manfred
Das große Buch der Heilpflanzen, Gräfe und Unzer 1993
Schöpf, Hans
Zauberkräuter, VMA 1992
Storl, Wolf-Dieter
Heilkräuter und Zauberpflanzen zwischen Haustür und Gartentor, AT 1996
Storl, Wolf-Dieter
Pflanzen der Kelten, AT 2000
Strassmann, Rene
Baumheilkunde, AT 2003
Treben, Maria
Gesundheit aus der Apotheke Gottes, Ennsthaler 2005
Uyldert, Mellie
Verborgene Kräfte der Pflanzen, Irisana 1993
Weed, Susun S.
Heilweise 2, Brennessel-Selbstverlag 1997
Weiss, R.F. , Fintelmann, V.
Lehrbuch der Phytotherapie, Hippokrates 1999
Weustenfeld,Wilfried
Zauberkräuter von A-Z, Peter Erd 1995
Willfort, Richard
Gesundheit durch Heilkräuter, Trauner 1959

Aronia

Unentdeckte Heilpflanze

Sigrid Grün / Jan Neidhard

ISBN 978-3-934941-39-7
Paperback • 19 x 14 cm
72 Seiten • 34 Farb-
4 s/w-Bilder • 9,90 Euro [D]

Wildpflanzen erfahren ihre Wiederentdeckung; Wildkräuter und -beeren boomen. Ein Wildgehölz aber blieb bislang fast unentdeckt: Die Aronia. Um das medizinische Potential der Beeren weiß man bei uns erst seit jüngster Zeit. Lesen Sie aber nicht nur vom medizinischen Nutzen der Aronia, sondern auch über ihre interessante Geschichte, vom Anbau im eigenen Garten, sowie über die Verarbeitung der Früchte!

■ *»Die beiden Autoren haben ein wichtiges Stück Aufklärungsarbeit geleistet!«* (amazon.de-Kundenrezension)

Regensburg

Blicke auf die Stadt

von Rosa Micus

ISBN 978-3-934941-18-2
Paperback • 19 x 13 cm
80 Seiten • 33 s/w-Abb.
9,80 Euro [D]

Eher von den Rändern her beleuchtet die Autorin die Welterbe-Stadt aus kunsthistorischer Perspektive und erläutert »Handelsmetropole und Stadtplanung«, »Wöhrde und Hafen«, »Angesicht der Stadt« und »Alleengürtel«. Das handliche Büchlein regt dabei an, sich zu Stadtspaziergängen auf zu machen.

■ *»Der anspruchsvolle Stadtführer ist eine echte Bereicherung.«* (Bavarica Liste St. Michaelsbund)
»Da dürften selbst Regensburg-Kennern und -Liebhabern manche Lichter aufgehen!« (Magazin Lichtung)

Böfflamott
& Hollerkoch

Rezepte aus dem Dorfladen

von Gertrud Scherf und Anneliese Eggerstorfer

ISBN 978-3-934941-30-4
2. Auflage • Paperback
29,5 x 14 cm • 106 Seiten
25 Zeichnungen, 93 Farbbilder
19,95 Euro [D]

Hasenöhrl und Krautknödl, Erdäpfelbratl und Reinfleck, Böfflamott und Hollerkoch. In 75 traditionellen Rezepten aus der Sammlung eines Dorfladens werden fast vergessene Mahlzeiten schmackhaft und gesund wieder aufgekocht.

■ *»... bodenständige Rezeptsammlungen, noch von richtigen, tüchtigen Landköchinnen mit der Hand aufgeschrieben. – Jawohl, schon die Lektüre dieses liebevoll gemachten Buches ist himmlisch!«* (Mittelbayerische Zeitung)
»... Ratschläge, wie man mit Produkten ganz ohne Chemiebelastung gut aufkochen kann. Nicht nur Kochbuch-Sammler werden daran ihre wahre Freude haben!« (Passauer Neue Presse)

Babylon
in Bayern

Wie aus einem Agrarland der modernste Staat Europas werden sollte

von Karl Stankiewitz

ISBN 978-3-934941-11-3
Paperback • 24 x 17 cm
216 Seiten • 76 s/w-Fotos
19,80 Euro [D]

Der Aufstieg Bayerns zur High-Tech-Hochburg war, trotz »Laptop und Lederhose«, gepflastert mit Problemen von WAA über Transrapid bis zum Garchinger Neutronen-Reaktor. Mit Beiträgen von Christian Ude, Hubert Weinzierl und Jürgen Trittin.

■ *»Dieses rundum gelungene Buch, ... ist ein unbedingtes Muss ... Ein ideales Geburtstags, Weihnachts- oder einfach so - Geschenk.«* (Umweltnachrichten)
»... lesenswertes Buch ...« (Süddeutsche Zeitung)

Regensburger Volkssagen

für Jung und Alt

Adolphine v. Reichlin Meldegg
Reprint der Ausgabe 1893/94

ISBN 978-3-934941-52-6
Paperback • 20,5 x 14,5 cm • 125 Seiten
84 s/w-Bilder • 16,90 Euro [D]

»... lieber Leser – Komm´, laß´ Dich´s nicht gereuen und halte mit mir Umschau in meiner lieben, alten Vaterstadt – denn daß Du´s nur weißt – in Regensburg bin ich daheim!«, schreibt die Autorin in ihrer Einleitung.
In diesem literarisch-volkskundlichens Kleinod nimmt sie ihre Leser an der Hand und führt sie auf einen „sagenhaften" Rundgang durch die innere Stadt Regensburgs, die gut ein Jahrhundert nach Veröffentlichung des Originalbüchleins als frisch gekürtes UNESCO-Welterbe von sich Reden macht.

■ *»...für eine garantiert sagenhafte Begegnung mit dem Welterbe Regensburg.«* (Mittelbayerische Zeitung)

Das Glück mit dem Pech!

Märchenhafte Geschichten aus Regensburg

von Rainer Fürst und Evelyn Haumann

ISBN 978-3-934941-49-6 • Paperback • 20 x 14 cm
70 Seiten • 64 farbige Bilder • 12,90 Euro [D]

Um Persönlichkeiten, Orte und Motive aus der reichen Regensburger Stadthistorie ranken sich 15 kurzweilige Geschichten. Ob König, Mönch oder Jungfrau, ob Glockengießer, Fischer oder Kräuter-Bauer, ob Donau-Waller, Einhorn oder Wassermann, all diese sagenumwitterten Charaktere verleihen den Erzählungen einen Hauch von Welterbe und eignen sich gut für einen Stadtspaziergang an die Orte des Geschehens.

■ *»Damit lässt sich eine „etwas andere" Stadtführung gestalten. Gut geeignet besonders für Kinder.«* (Magazin Expuls)

Der Wurstkuchlhund

Ein bunter Bilderbogen für kleine und große Leute

von Helmut Hoehn

ISBN 978-3-934941-26-7
Hardcover • 21,5 x 21,5 cm
36 Seiten • 40 Farbbilder
12,90 Euro [D]

Vom krummbeinigen Außenseiter zum gefeierten Retter in der Not! Von der ängstlichen Promenadenmischung zum gefürchteten Helden der Lüfte! – Ja, der Waldemar ist schon ein ganz besonderer Hund! Mittelpunkt des Geschehens ist die Historische Wurstkuchl zu Regensburg. Über sie spannt sich ein bunter Bilderbogen mit einer unglaublichen Geschichte!

■ *»...das Buch vom trolligen Vierbeiner, der mittlerweile schon Kultstatus in unserer Stadt genießt!«* (Mittelbayerische Zeitung)

Mit Kindern unterwegs in Regensburg

Garantiert ohne Auto im Welterbe

von Renate Wienbreyer, Monika Seywald, Elisabeth Schinner und Judy Bauer

ISBN 978-3-934941-42-7 • Paperback
19,5 x 11,5 cm • 125 Seiten • 112 Farb-,
19 s/w-Bilder • 12,80 Euro [D]

Eltern scheuen oft die Mühe, selbst einen Familienausflug zu organisieren. Und Kinder verlangen von ihren Begleitern einigen Einfallsreichtum. Dieses Buch erleichtert die Planungsarbeit und macht Lust auf Muße unterwegs. Es bietet mit Kindern erprobte Familien- und Gruppentouren, trefflich garniert mit passenden Spielen, Geschichten und Hintergrundinformationen!

■ *»Der gelungene Führer motiviert, mit Kindern die Stadt und ihre Umgebung zu erkunden.«* (Bayern im Buch)